Ahmed Abdulnaim
Ahmed Emara
Hany Moneib

# Wpływ wylotu

Ahmed Abdulnaim
Ahmed Emara
Hany Moneib

# Wpływ wylotu

## Na dynamikę przepływu

Wydawnictwo Bezkresy Wiedzy

**Imprint**



Cover image: www.ingimage.com

Publisher:
Wydawnictwo Bezkresy Wiedzy
is a trademark of
International Book Market Service Ltd., member of OmniScriptum Publishing Group
17 Meldrum Street, Beau Bassin 71504, Mauritius

Printed at: see last page
**ISBN: 978-620-0-54367-7**

Drogi czytelniku,

książka, którą posiadasz, została pierwotnie wydana pod tytułem "The Impact of the outlet on the Flow Dynamics of a Fluidic Oscillator", ISBN 978-613-8-83550-9.

Jego publikację w języku polskim jest możliwa dzięki zastosowaniu najbardziej zaawansowanej sztucznej inteligencji dla języków.

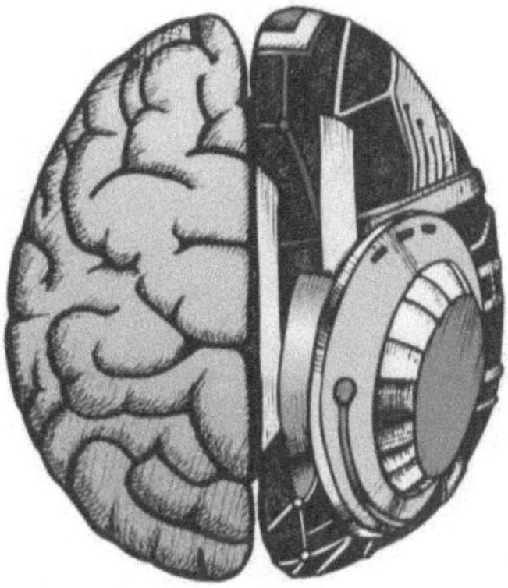

Technologia ta, uhonorowana pierwszą w historii Honorową Nagrodą Sztucznej Inteligencji w Berlinie we wrześniu 2019 r., naśladuje sposób działania ludzkiego mózgu, dzięki czemu jest w stanie uchwycić i przetłumaczyć nawet najmniejsze niuanse w bezprecedensowy sposób.

Mamy nadzieję, że znajdą Państwo wiele satysfakcji z tej książki i uprzejmie prosimy o uwzględnienie wszelkich rozbieżności językowych, które mogłyby wyniknąć z tego procesu.

Miłego czytania!

Wydawnictwo Bezkresy Wiedzy

# Wpływ wylotu na dynamikę przepływu oscylatora płynnego

*Ahmed Abdulnaim*

*Ahmed Emara*

*Hany Moneib*

## Dedykacja

*Ta książka jest poświęcona pamięci mojego zmarłego ojca, pana Mohameda Abdulnaima, który zmarł 30 kwietnia 2011 roku. Nigdy nie zapomnę jego zachęty i wsparcia dla mnie, dopóki nie stanę się tym, kim jestem dzisiaj. Proszę Boga, aby mu przebaczył i uczynił jego miejsce zamieszkania rajem.*

*Również mojej matce, pani Azzy Qubtan, która grała rolę matki i ojca, i zawsze mnie wspierała aż do teraz. Niech Allah ją dla nas wybawi.*

*Eng. Ahmed Abdulnaim*

# ABSTRACT

Cieczowy oscylator wykazuje bardzo obiecujące wyniki jako siłownik w zastosowaniach aktywnej kontroli przepływu, ponieważ charakteryzuje się kilkoma ważnymi cechami, które obejmują brak części ruchomych, samowzbudzanie, sztywność i niezawodność. Płynny oscylator może być stosowany w wielu różnych zastosowaniach, w tym w regulacji aktywnego spalania w silnikach odrzutowych, rozwoju wymienników ciepła nowej generacji o wyjątkowo wysokiej wydajności odprowadzania strumienia ciepła i regulacji separacji przepływu na różnych profilach aerodynamicznych.

Opracowanie to dotyczy małego płynnego oscylatora fluidalnego z podwójnym sprzężeniem zwrotnym, którego konstrukcja została zaadoptowana na podstawie wcześniejszych badań, w których opracowano siłownik spełniający funkcję oscylatora pilotowego wewnątrz palników stabilizowanych wirowo do zastosowań w turbinach gazowych. Uzyskano wiele badań eksperymentalnych i obliczeniowych na oscylatorach płynnych w celu zrozumienia wewnętrznej dynamiki przepływu i charakterystyki oscylacji oraz określenia parametrów wpływających na działanie siłownika i proces oscylacji. Wciąż jednak brakuje oceny wpływu konfiguracji wyjścia i położenia rozdzielacza wyjściowego na pola przepływu i charakterystyki oscylacji.

W niniejszej pracy badany jest obliczeniowy wpływ konfiguracji wylotowej na pola przepływu i charakterystyki oscylacji wewnątrz i na zewnątrz oscylatora fluidalnego. Metodologia badania obejmuje:

(i) Włączenie splittera wewnątrz kanału wyjściowego (konfiguracja FX100),

(ii) Demontaż bobiniarki z zachowaniem kanału wyjściowego (konfiguracja FX0), oraz

(iii) Cała eliminacja zarówno kanału wyjściowego jak i splittera (konfiguracja FX0').

W celu uzyskania danych doświadczalnych dla procesu walidacji, uzyskano wyniki eksperymentalne z wykorzystaniem systemu laserowego z obrazem cząsteczkowym velocimetry (PIV) z wodą jako cieczą roboczą oraz pomiaru ciśnienia czasowo-rozdzielczego za pomocą hydrofonu.

Do wykonania pracy obliczeniowej wykorzystano dwuwymiarowe modele obliczeniowe oparte na równaniach URANS (Unsteady Reynolds-averaged Navier-Stokes) i transporcie naprężeń ścinających (SST), uznając przepływ za burzliwy, nieściśliwy i izotermiczny.

Wyniki symulacji wskazują, że konfiguracja wyjścia nie ma znaczącego wpływu na częstotliwości, podczas gdy kąt odchylenia strumienia wypływającego zwiększa się, a strumień ma tendencję do bycia ciągłym po wyeliminowaniu splittera (konfiguracje FX0 i FX0'). Istnienie splittera (konfiguracja FX100) zwiększa amplitudy wahań odpływu, które byłyby przydatne w różnych zastosowaniach przemysłowych.

**Słowa kluczowe:** Oscylator płynny, Aktywna kontrola przepływu, Velociometria obrazu cząstek, Symulacja stanów przejściowych.

# NOMENCLATURA

**Symbole**

| | |
|---|---|
| A | Amplituda, [m/s] |
| Dh | Średnica hydrauliczna na wylocie dyszy mocy, [mm] |
| f | Częstotliwość, [Hz] |
| Lf | Ogniskowa, [mm] |
| Re | Numer Reynoldsa, [-] |
| T | Okresowy czas, [s] |
| u | Prędkość strumieniowa, [m/s] |
| $U_B$ | Prędkość masowa przy dyszy zasilającej, [m/s] |
| $U_w$ | Prędkość na wlocie siłownika, [m/s] |
| V | Wielkość prędkości, [m/s] |
| θ | Kąt fazowy, [stopnie] |

**Akronimy**

| | |
|---|---|
| 2-D | Dwuwymiarowy |
| CFD | Obliczeniowa dynamika płynów (Computational Fluid Dynamics) |
| DAQ | Pozyskiwanie danych |
| EV-SSB | Środowiskowy palnik stabilizowany zawirowaniami w kształcie litery V |
| FFT | Szybka transformacja Fouriera |
| FX | Oscylator płynny |
| Nd: YAG | Itr z domieszką neodymu Granat aluminiowy z domieszką itru |
| PIV | System laserowy z obrazem cząstek w technologii welocymetrycznej |
| SST | Transport stresu ścinającego |
| URANS | Niestabilny Reynolds - średni Navier-Stokes |

# SPIS TREŚCI

# 1. Wprowadzenie

## 1.1 Kontrola przepływu

Kontrola przepływu jest niezmiernie ważną technologią, która szybko rozwija się jako wiodący obszar badań wielu naukowców i inżynierów z dziedziny mechaniki płynów. Zajmuje się ona aktywną lub pasywną manipulacją polem przepływu w celu osiągnięcia pożądanej zmiany w celu poprawy efektywności lub wydajności systemów przepływu cieczy. Rozwijanie kontroli przepływu i włączanie jej do systemów przepływu płynów ma potencjalny zwrot, począwszy od oszczędności kosztów paliwa dla pojazdów lądowych, powietrznych i morskich, aż do osiągnięcia bardziej konkurencyjnych ekonomicznie i przyjaznych dla środowiska procesów przemysłowych obejmujących przepływy płynów, [1].

Kontrola przepływu ma różne strategie, które zostały opracowane w celu manipulowania warstwami granicznymi, albo do:

- Zwiększyć wysokość podnoszenia lub zmniejszyć opór nad kształtem profilu,
- Kontrola separacji,
- Wzmocnienie mieszania, lub
- Redukcja hałasu.

Strategie te można podzielić na dwie główne kategorie, sterowanie bierne i sterowanie aktywne, jak pokazano na schemacie na rys. 1. Sterowanie bierne obejmuje wszelkie konfiguracje geometryczne, takie jak wirniki, wzdłużne kanały lub riblety* (elementy chropowatości). Są one stabilne i z definicji nie wymagają wspomagania żadną zewnętrzną siłą. Z drugiej strony, aktywne sterowanie wymaga od siłowników wykonania żądanej czynności na polu przepływu. Siłowniki te mogą być stymulowane w sposób zależny od czasu i wymagają nakładów energetycznych, [2, 3].

## 1.2 Aktywna kontrola przepływu

W aktywnym sterowaniu przepływem, polecenie uruchamiania jest albo ustalone z góry (sterowanie w pętli otwartej) albo interaktywne (lub reaktywne). W sterowaniu z góry ustalonym stosuje się stały lub niestabilny pobór energii bez uwzględnienia dokładnego stanu przepływu. Z drugiej strony, w sterowaniu interaktywnym, sygnał posuwu z niektórych pomiarów w sposób ciągły reguluje wejście sterujące. Pętla regulacyjna w tym przypadku może być otwartą pętlą sprzężenia zwrotnego lub zamkniętą pętlą sprzężenia zwrotnego. Przykładami aktywnej kontroli przepływu są: stałe zasysanie lub wydmuchiwanie, stałe zasysanie lub wydmuchiwanie oraz stosowanie dysz syntetycznych, [1].

*Każdy z serii mikroskopijnych rowków osadzonych w materiale, który jest nakładany na zewnętrzną powierzchnię samolotu lub łodzi w celu zmniejszenia oporu.

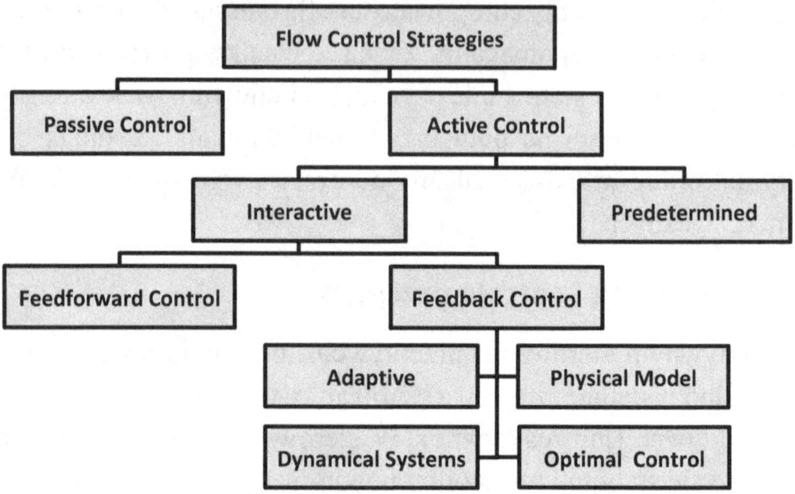


**Rys. 1. Klasyfikacja strategii kontroli przepływu, odtworzona z [1].**

### 1.2.1 Siłowniki do aktywnej regulacji przepływu

Aktywna regulacja przepływu zapewnia możliwość sterowania zakłóceniami w celu manipulacji i interakcji z polem przepływu za pomocą siłownika. Ten rodzaj sterowania przepływem jest świadkiem ogromnego wzrostu różnorodności siłowników, co wskazuje zarówno na znaczenie, jak i wyzwania związane z konstrukcją siłownika. Siłowniki stosowane w aplikacjach aktywnej regulacji przepływu mają różne typy, więc istnieje kilka sposobów ich klasyfikacji. Różne rodzaje aktywnych napędów regulacyjnych przepływu zostały ostatnio poddane przeglądowi w [4].

## 1.3 Siłowniki płynne

Siłowniki płynne od dawna znajdują się w centrum zainteresowania badań w dziedzinie aktywnej kontroli przepływu, ponieważ wyróżniają się kilkoma cechami: nie posiadają części ruchomych, nie wymagają zasilania, nie wymagają konserwacji i są samowzbudne. Podobnie jak zawory mechaniczne, siłowniki hydrauliczne są rodzajem urządzeń z wtryskiem masowym, które do pracy wymagają jedynie zasilania w płyn. Słowo "płynny" pochodzi od dwóch słów "płyn" i "logika" i jest używane dokładnie do opisania technologii sterowania składnikami siły płynu, [5]. Pracują oni nad koncepcją wzmacniania płynów, która po raz pierwszy została opatentowana w 1964 r. jako moduł układu płynnego realizującego funkcje analogiczne do układów i podzespołów elektronicznych tego czasu, [6]. Technologia ta pojawiła się ostatnio ponownie w postaci siłowników regulacji przepływu, ponieważ mogą one pracować bez żadnych ruchomych lub elektrycznych elementów, co imponuje prostotą i trwałością, [7]. Istnieją różne typy urządzeń Fluidowych (Fluidowy Oscylator, Fluidowa Dioda i Fluidowy Wyłącznik), [8].

## 1.4 Oscylatory płynne

Oscylatory płynne (zwane również dyszami zamiatającymi) są ostatnio przedmiotem zainteresowania wielu środowisk naukowych jako siłowniki w dziedzinie aktywnej kontroli przepływu. Urządzenia te wytwarzają strumień oscylacyjny, gdy jest on dostarczany przez ciecz pod ciśnieniem bez żadnych ruchomych części. Oscylacje" charakter opiera się na kilku niestabilnościach płynu wewnątrz urządzenia, które regulują cechy emanującego strumienia, takie jak częstotliwość i kąt odchylenia strumienia, [9]. Ta natura sprawia, że oscylatory płynne są potencjalnie atrakcyjne do stosowania w aplikacjach aktywnej kontroli przepływu.

Siłowniki te wykorzystują technologię płynów, albo poprzez mechanizmy mocowania ściennego, zwane efektem Coanda [10] (sprzężony oscylator płynny), i/lub oddziaływania płynne [11] (bez sprzężenia zwrotnego oscylator płynny), jak pokazano na rysunku 2. W przedstawionym na Rys. 2a oscylatorze fluidalnym sprzężenia zwrotnego, znanym również jako podwójny oscylator fluidalny sprzężenia zwrotnego, strumień oscylujący generowany jest poprzez wymianę powracającej cieczy w pętlach sprzężenia zwrotnego. Szczegółowy opis tego procesu zostanie omówiony w sekcji . W bezsprzęgłowym, płynnym oscylatorze pokazanym na rysunku 2b, oscylujący strumień generowany jest przez uderzenie dwóch dysz, co powoduje niestabilne oddziaływanie i powstawanie pionowych wzorów, w których dysze okresowo zmieniają swoje pozycje. Rezultatem jest strumień zamiatający na wyjściu płynu.

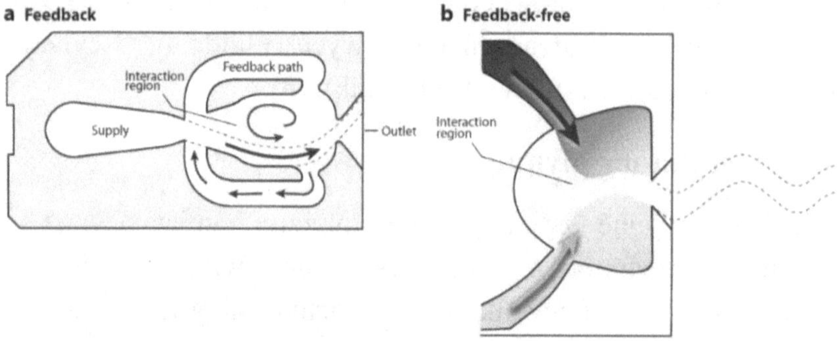


**Rys. 2. Sprzężenie zwrotne i wolne od sprzężenia zwrotnego oscylatory fluidalne [4].**

## 1.5 Zastosowania oscylatora płynnego

Oscylatory płynne wykazały bardzo obiecujące wyniki jako siłowniki w aplikacjach aktywnej kontroli przepływu, a także w wielu innych zastosowaniach. Następnie, niektóre z najnowocześniejszych zastosowań płynnych oscylatorów zostały zademonstrowane w nawiązaniu do ich ostatnich publikacji.

### 1.5.1 Zastosowania w dziedzinie spalania

Oscylator płynny może być wykorzystywany do redukcji emisji i niestabilności przepływu oraz do poprawy mieszania paliwa z powietrzem w systemach spalania, szczególnie w turbinach gazowych i silnikach odrzutowych.

Ostatnie badania przeprowadzone przez *Hassana i wsp.* [12] badały wpływ płynnego oscylatora po wprowadzeniu go do wnętrza palnika stabilizowanego zawirowaniami EV na pole temperatury i strukturę płomienia płomienia wstępnego. Zauważono, że NOx zmniejszył się o 50%, a wydajność spalania poprawiła się o 2,5%.

W innych badaniach *Bobuscha i wsp.* [13], oscylator płynny został użyty do wzmocnienia mieszania w procesie bezwstrząsowego spalania wybuchowego (SEC). Wyniki badań wykazały, że oscylatory fluidalne były w stanie poprawić jakość mieszania i stworzyć niezależność jakości mieszania od strumienia w pędzie krzyżowym, a jakość mieszania była wystarczająco dobra dla prozesów bezszokowego spalania wybuchowego.

W innym badaniu *Emary* [14] płynny oscylator został wprowadzony do palnika stabilizowanego zawirowaniami EV jako iniektor pilotowy. Na podstawie uzyskanych wyników stwierdzono, że część transferowa głównego powietrza wewnątrz płynnego oscylatora prowadzi do zmniejszenia emisji NOx i CO.

Inne badania przeprowadzone przez *Guyot et al.* [15], 16] wykorzystywały oscylator płynny do modulowania części przepływu paliwa w celu dokonania aktywnej kontroli niestabilności (AIC) przy użyciu schematu kontroli w pętli otwartej dla dwóch różnych typów palników, palnika ogólnego stabilizowanego zawirowania oraz palnika z korpusem blefującym. Wyniki wykazały, że siłownik fluidalny zmniejszył niestabilność spalania bez konieczności stosowania skomplikowanych lub szybko poruszających się części. Dzięki temu zapewniona jest długa żywotność siłownika.

### 1.5.2 Zastosowania w zakresie wymiany ciepła

Oscylatory płynne mają niestabilną charakterystykę, która sprawia, że kwalifikują się do rozwoju wymienników nowej generacji owyjątkowo wysokiej wydajności odprowadzania strumienia ciepła. *Wu i wsp.* [17] przeprowadzili symulacje numeryczne w celu porównania wydajności transferu ciepła płynnego oscylatora dwusprzęgłowego o dwóch różnych konstrukcjach. Wyniki wykazały, że przewidywana wydajność transferu ciepła i dynamika płynów dobrze pasowały do różnych numerów Reynoldsa. Dysza zamiatająca poprawiła wydajność usuwania ciepła poprzez pokrycie większej powierzchni chłodzącej i zwiększenie średniej liczby Nusseltów. Te ulepszenia sugerowały, że obiecujące jest zastosowanie oscylatorów płynnych w istniejących technologiach chłodzenia, takich jak chłodzenie cienkowarstwowe i wielofazowe, w wysokosprawnych wymiennikach ciepła nowej generacji.

### 1.5.3 Zastosowania w zakresie kontroli separacji przepływu

Oscylatory płynne są cennymi urządzeniami pozwalającymi uniknąć, opóźnić lub promować separację w zależności od problemu i mogą zwiększyć wydajność aerodynamiczną kilku konstrukcji. Siłowniki te są więc wykorzystywane do sterowania separacją przepływu nad kształtami aerodynamicznymi, tj. zwiększają osiągi aerodynamiczne statków powietrznych poprzez zmniejszenie oporu i zwiększenie wysokości podnoszenia, [18]. *Staats et al.* [19] wykorzystali płynny oscylator jako siłownik i zintegrowali go w pobliżu linii zawiasów modelu pionowego stabilizatora tunelu wiatrowego. Badania wykazały pozytywny wpływ aplikacji aktywnej kontroli przepływu. Cenny efekt wzmocnienia siły bocznej może prowadzić do zmniejszenia rozmiarów stabilizatora pionowego przy wyposażeniu go w aktywne urządzenie kontroli przepływu.

### 1.5.4 Zastosowania w dziedzinie wytwarzania bąbelków

Niedawno odkryto możliwość generowania przez płynny oscylator pęcherzyków submilimetrowych za pomocą pulsacji przepływu gazu wlotowego, co otworzyło drogę do wielu zastosowań inżynieryjnych, [20]. *Zimmerman i wsp.* [21] zastosowali płynny oscylator do wytwarzania pęcherzyków w procesie ozonolizy kwasu oleinowego zmieszanego z metanolem w procesie estryfikacji do produkcji biodiesla, wyniki wykazały, że wydajność produktu ozonolizy 1-nonanalu wzrosła o 30%. *Abdulrazzaq i wsp.* [22] używał oscylatora płynnego do wytwarzania mikrobów powietrza do oddzielania mieszanin azeotropowych. Użycie płynnego oscylatora doprowadziło do redukcji wymaganej energii.

# 2. Teoretyczne tło

## 2.1 Oscylator płynny z podwójnym sprzężeniem zwrotnym

Jak pokazano na rysunku3, konstrukcja podwójnego płynnego oscylatora zwrotnego ma jeden wlot i dwa wyloty. Wlot, następnie dysza wytwarzająca strumień elektryczny, następnie komora oscylacyjna z dwoma ściankami przyłączeniowymi i dwoma kanałami sprzężenia zwrotnego zasilającymi porty sterujące, następnie gardziel sterująca, następnie rozdzielacz rozdzielający wyjście na dwa wyloty.

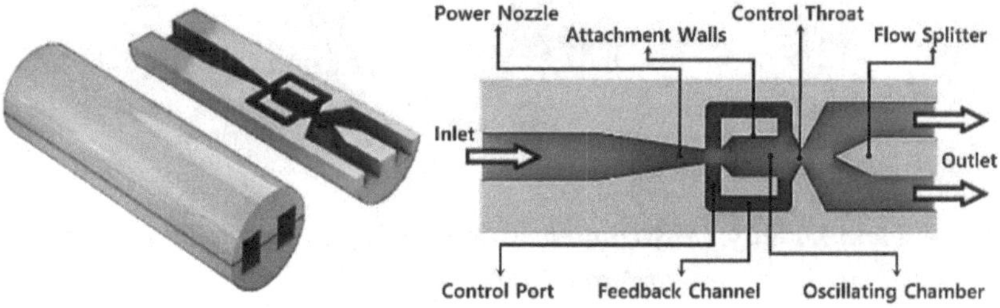


**Rys. 3. Podwójny płynny oscylator zwrotny.**

## 2.2 Teoria działania

### 2.2.1 efekt koandy

Podstawową zasadą oscylatora płynnego jest "efekt Coandy", który nazwany został imieniem *Henri Marie Coanda* (1885-1972). W latach 30-tych XX wieku wniósł pionierski wkład w technologię płynów, kiedy to zaobserwował, że strumień wyrzucany przez dyszę ma tendencję do podążania za sąsiednią płaską lub zakrzywioną powierzchnią i porywania płynu z otoczenia tak, że powstaje obszar o niższym ciśnieniu, [5]. Rysunek 4przedstawia zjawisko efektu Coanda. Na rysunku 4a, strumień swobodnego strumienia wyrzucany z dyszy w (a.1), następnie nadaje on płynowi w obszarze pomiędzy nim a najbliższą ścianą energię kinetyczną, zmniejszając ciśnienie w tym obszarze, patrz (a.2), następnie strumień ten przylega do ściany całkowicie w (a.3). Na rys. 4b to samo zjawisko występuje, ale z zamkniętym strumieniem, gdzie powstaje strefa recyrkulacji ścianki, powodując przyklejenie się strumienia do ściany (jak w przypadku oscylatora fluidalnego). Przykładem tego zjawiska jest sytuacja, gdy woda przykleja się do ściany dzbanka, gdy woda jest z niego wylewana, patrz rys. 4c.

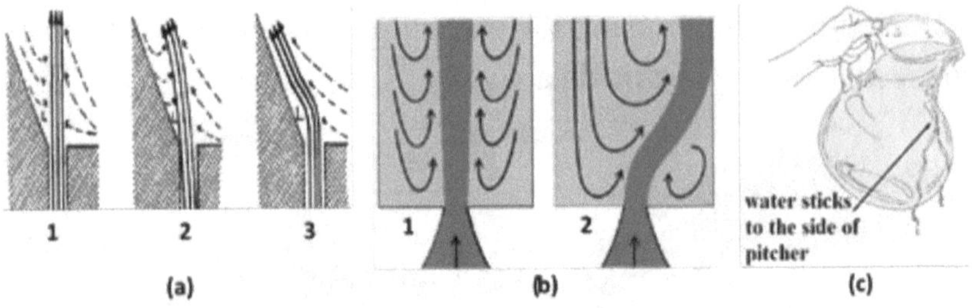


**Rys. 4. efekt koandy, (a) strumień swobodny [5], (b) strumień zamknięty, (c) przykład dzbanka.**

## 2.2.2 Sekwencja działania

Rys. 5przedstawia kolejność czynności. Strumień oscylujący jest generowany przez dostarczenie płynu pod ciśnieniem na wlocie płynu. Ciecz pod ciśnieniem jest wprowadzana do dyszy zasilającej, tworząc strumień. Strumień wchodzi do komory oscylacyjnej przez dyszę zasilającą. Następnie strumień mocy rozszerza się, aby wypełnić komorę i kanały sprzężenia zwrotnego. Efekt koandy powoduje, że strumień energetyczny przyczepia się do jednej z dwóch ścian (Rys. 5a). Gardło sterujące pozwala na wprowadzenie części płynu do kanału sprzężenia zwrotnego, który przepływa z powrotem do portu sterującego i zasila pęcherzyk rozdzielający, powodując oderwanie się strumienia mocy od ściany bocznej (rys. 5b). Następnie strumień zasilający przełącza się na przeciwstawną ścianę (Rys. 5c) i ten sam proces powtarza się (Rys. 5d), powodując ruch oscylacyjny płynu wewnątrz komory. Częstotliwość strumienia oscylującego zależy od natężenia przepływu strumienia zasilającego oraz od wymiarów pętli sprzężenia zwrotnego.

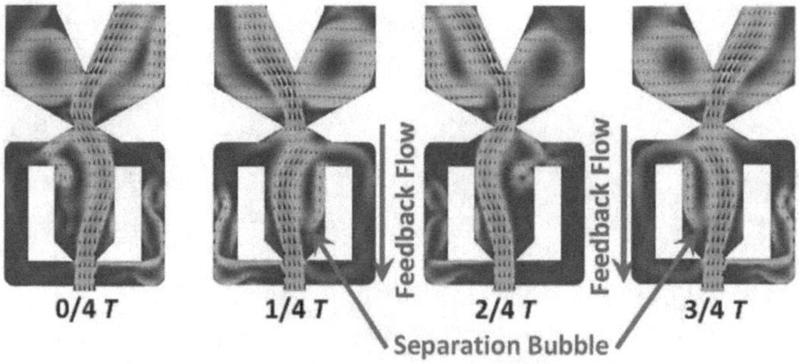


**Rys. 5. Sekwencja pracy oscylatora fluidalnego z podwójnym sprzężeniem zwrotnym.**

## 2.3 Konfiguracja wyjścia

Oscylator płynny może wytwarzać dwa rodzaje strumienia (pulsacyjny lub zamiatający) w zależności od konfiguracji wylotu. Jeśli na wyjściu nie jest zainstalowany rozdzielacz, strumień wytwarzany przez siłownik wykazuje ruch wymiatający podobny do pokazanego na rysunku 6, ale jeśli na wyjściu znajduje się rozdzielacz, wytwarzany strumień wychodzi jako oddzielony lub częściowo połączony impuls podobny do pokazanego na rysunku 7. Częstotliwość ruchu tego pulsującego lub wymiatającego strumienia zależy od geometrii i skali urządzenia oraz od typowego natężenia przepływu wprowadzanego do siłownika, [23].

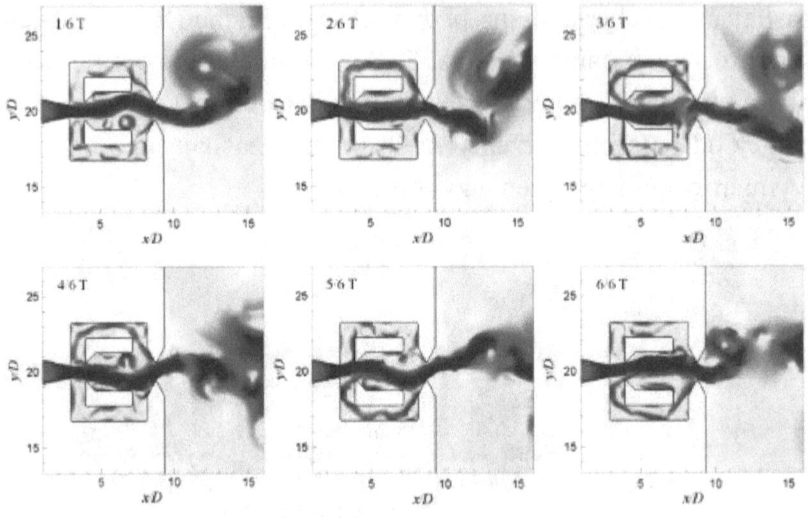


**Rys. 6. Oscylator fluidalny typu Sweeping jet[24].**

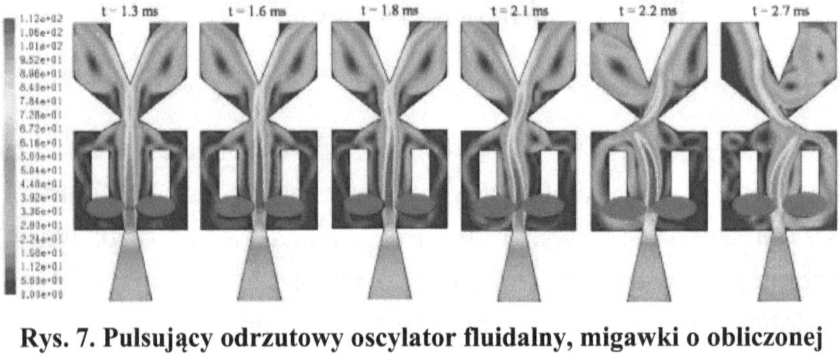


**Rys. 7. Pulsujący odrzutowy oscylator fluidalny, migawki o obliczonej wielkości prędkości (m/s), pokazujące inicjację oscylacji przy M=0,3 [25].**

## 2.4 Parametry sterowania oscylatora płynnego

Otrzymano wiele eksperymentalnych i obliczeniowych badań oscylatorów płynnych w celu zrozumienia wewnętrznej dynamiki przepływu i charakterystyki oscylacji oraz określenia parametrów wpływających na wydajność i proces oscylacji płynów.

Poprzednie badania przeprowadzone przez *Emarę i in.* [14, 26] badały eksperymentalnie wpływ zmian w konfiguracji konstrukcyjnej i cechach kanałów na wydajność oscylatora fluidalnego. Badania wykazały, że na okres oscylacji wpływa siedem projektowych parametrów modulacji - rys. 8Te parametry kontrolne są:

1) Głębokość kanałów.
2) Szerokość kończyn wyjściowych.
3) Szerokość i długość gardła.
4) Aniołek wylotowy.
5) Łopatka płynu (grubość i kształt).
6) Szerokość kanałów sprzężenia zwrotnego.
7) Kąt wyjścia z gardła.

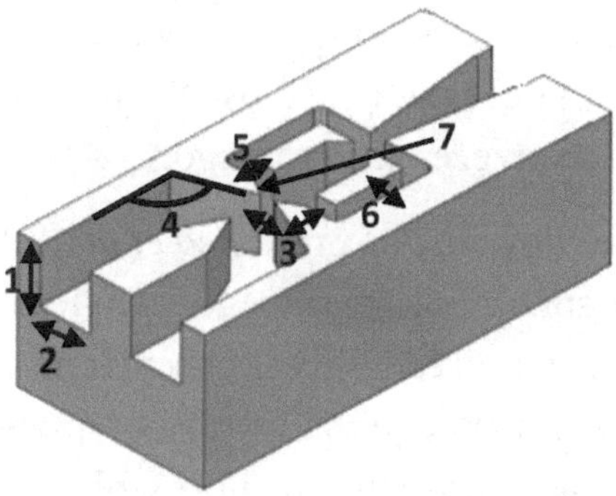


**Rys. 8. Parametry sterowania oscylatora płynnego, odtworzone z [14].**

W badaniach *Vatsa i wsp.* [27] przeprowadzono symulacje numeryczne na dwóch typach płynnego oscylatora z podwójnym sprzężeniem zwrotnym (o ostrych krawędziach i zakrzywionych ścianach wewnętrznych). Wyniki wykazały, że blokowanie kanału sprzężenia zwrotnego hamowało akcję wymiatania wypływających dysz.

Inne badania przeprowadzone przez *Bobusch et al.* [28] badały wpływ zmian geometrii wewnętrznej (geometria kanału sprzężenia zwrotnego wraz z długością i objętością, kliny wlotowe komory mieszania, obszar wlotu kanału sprzężenia zwrotnego i obszar wylotu) na częstotliwość i kąt ugięcia strumienia płynnego oscylatora. Stwierdzono, że część rozbieżna dyszy wylotowej nie ma wpływu na struktury przepływu wewnętrznego oscylatora, natomiast część zbieżna dyszy wylotowej ma istotny wpływ na kąt ugięcia strumienia. Kanały sprzężenia zwrotnego mają mniejszy wpływ na ogólne parametry oscylacji.

Inne badania przeprowadzone przez *Hossaina i wsp.* [29] dotyczyły wpływu chropowatości powierzchni wewnętrznych na wydajność konwencjonalnego zakrzywionego oscylatora fluidalnego. Zaobserwowano, że dodana chropowatość powierzchni zwiększa częstotliwość oscylacji strumienia. Bardzo niewielki wpływ na częstotliwość oscylacji zaobserwowano dla zgrubnego kanału sprzężenia zwrotnego.

Inne badanie przeprowadzone przez *Seo et al.* [30] badało wpływ długości kanału sprzężenia zwrotnego i stwierdzono, że ma on niewielki wpływ na częstotliwość oscylacji. Jednak długość kanału sprzężenia zwrotnego ma wyraźny wpływ na amplitudę i okresowość oscylacji. Zbadano również wpływ długości komory mieszania na częstotliwość oscylacji strumienia. Wyniki wykazały, że ma to znaczący wpływ na częstotliwość oscylacji. Komora o większej długości prowadzi do zmniejszenia częstotliwości, jednakże częstotliwość ta nie jest odwrotnie proporcjonalna do całkowitej długości komory.

We wszystkich tych i innych badaniach, oscylator płynny przeszedł wiele badań eksperymentalnych i numerycznych w celu oceny wewnętrznych i zewnętrznych pól przepływu. Jednakże przepływ wewnętrzny płynnych oscylatorów fluidalnych z podwójnym sprzężeniem zwrotnym o małej skali jest bardzo trudny do wizualizacji doświadczalnej ze względu na małą i skomplikowaną geometrię. Ponadto nadal brakowało bezpośredniego badania wpływu konfiguracji wyjścia na wewnętrzne i zewnętrzne pola przepływu. W celu poszerzenia aktualnego rozumienia tego punktu należy przeanalizować różne modele siłowników o różnych konfiguracjach wylotów. W celu zaspokojenia potrzeb tego dochodzenia przyjęto metodologię badawczą. Składa się on z eksperymentalnych pomiarów pola przepływu i ciśnienia dla modelu bazowego (o nazwie FX100) w celu dostarczenia danych doświadczalnych do walidacji, a następnie symulacji numerycznych dla pozostałych modeli.

# 3. Podejście

## 3.1 Konfiguracje badane

W celu zbadania wpływu geometrii wylotu na charakterystykę przepływu płynnego oscylatora opracowano trzy konfiguracje. Te konfiguracje różnią się od siebie w geometrii wyjścia. Konfiguracja podstawowa została opracowana poprzez zmniejszenie jej rozmiaru o 53,3% w stosunku do pierwotnej wersji wykorzystanej w [16] w celu spełnienia wymogu umieszczenia wewnątrz EV-SSB i służącej jako oscylator strumieniowy. Ta konfiguracja jest oznaczona jako FX100. Druga konfiguracja jest taka sama jak FX100, ale bez rozdzielacza przepływu na wyjściu i oznaczona jako FX0. Ostatnia konfiguracja jest taka sama jak FX100, ale bez splittera lub kanału wyjściowego i oznaczona jako FX0'. Te trzy konfiguracje są pokazane na Rys. 9.

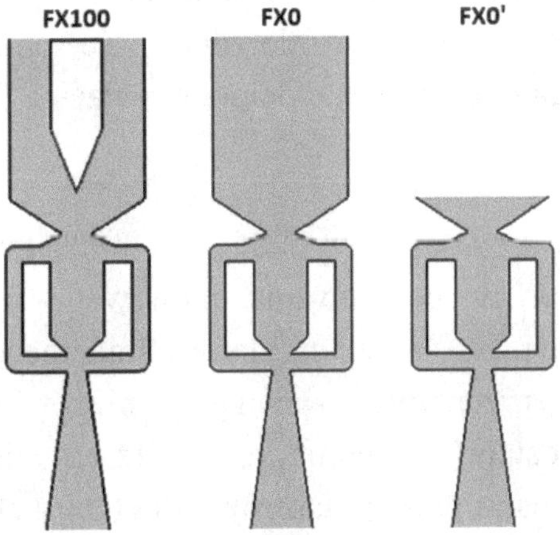


**Rys. 9. Schemat trzech badanych konfiguracji oscylatorów fluidalnych.**

Opracowano podejście badawcze mające na celu ocenę wpływu konfiguracji wyjścia płynów na dynamikę przepływu. Badanie składało się z badań eksperymentalnych i numerycznych. Model bazowy FX100 został poddany badaniom doświadczalnym w celu dostarczenia danych doświadczalnych do walidacji modelu obliczeniowego. Następnie zbadano obliczeniowo dwie pozostałe konfiguracje.

## 3.2 Podejście eksperymentalne

W małym akwarium z pleksiglasu płynny oscylator został poddany serii pomiarów hydrofonowych i PIV. Wymiary akwarium zostały dobrane jako (60×30×40 cm) tłumiące wpływ ścianek na mierzone pole przepływu. Akwarium zostało wyposażone w małą, zanurzoną pompę wodną z rozsądną głowicą, rotametr o maksymalnym przepływie 500 l/h oraz precyzyjny zawór regulujący przepływ, który przekazuje pożądany przepływ wody do płynów. Akwarium zostało podzielone na dwie strefy: dużą strefę do pomiarów i małą strefę do ssania pomp. Układ ten gwarantuje: (i) stałą głowicę przeciwciśnieniową układu hydraulicznego, (ii) tłumienie wpływu ssania pompy na mierzone pole przepływu. Całe stanowisko badawcze można zademonstrować na Rys. 10.

### 3.2.1 Instalacja PIV

Standardowy system laserowy Nd: System laserowy YAG PIV został użyty do wygenerowania pionowego arkusza lasera przechodzącego przez środek oscylatora fluidalnego i równolegle do kierunku przepływu wewnątrz niego. Częstotliwość powtarzania została ustawiona na 4 Hz, z odstępem czasu pomiędzy dwoma impulsami laserowymi 100 μs, aby dopasować prędkość przepływu.

Do prawidłowego śledzenia przepływu zastosowano siewnik składający się z malowanych proszkowo na srebrno kul szklanych ILA o średniej wielkości cząstek 15μm oraz mikromer®-redF o średniej wielkości cząstek 6-10-12μm. Aby zapewnić jednorodne rozmieszczenie znaczników wewnątrz akwarium, zostały one wstrzyknięte daleko przed płaszczyzną pomiarową.

Podwójne klatki zostały uchwycone za pomocą kamery typu ILA-CCD: SensiCam, 12-bitowe, chłodzone obrazowanie o rozdzielczości 1280×1024 pikseli. W celu dobrego badania pól przepływu i zwiększenia rozdzielczości przestrzennej, kamera została wyposażona w obiektyw o ogniskowej 105mm Sigma. W celu odjęcia otaczającego światła zastosowano pasmowy filtr przeciwzakłóceniowy umieszczony wewnątrz adaptera Hama C (około 532 nm długości fali).

Algorytmy korelacji krzyżowej i adaptacyjne algorytmy korelacji krzyżowej zastosowano przy oknie przesłuchania o rozmiarze 16×16 pikseli i 50% nakładaniu się na siebie przy post-processingu danych o większej rozdzielczości przestrzennej. W celu wyeliminowania fałszywych wektorów wykorzystano filtry o lokalnej prędkości średniej i interpolacji liniowej.

### 3.2.2 Konfiguracja hydrofonu

Standardowy hydrofon, typ RESON TC4013, został użyty do czasowego pomiaru ciśnienia oscylacji przepływu wypływającego z płynów pod wodą wewnątrz akwarium. Hydrofon ten może pracować w szerokim zakresie częstotliwości od 1Hz do 170kHz z wysoką czułością (-211dB ±3dB re 1V/μPa przy 1m). Zapewnia również równomierną jednokierunkową wrażliwość w płaszczyźnie pionowej i poziomej do wysokich częstotliwości, [31]. Hydrofon został zamocowany przed cieczami, gdzie wykryto wysoką amplitudę sygnału. Sygnały hydrofonu zostały pozyskane za pomocą karty DAQ i zapisane na komputerze do post-processingu, czyli zastosowania FFT do generowania widm częstotliwości.

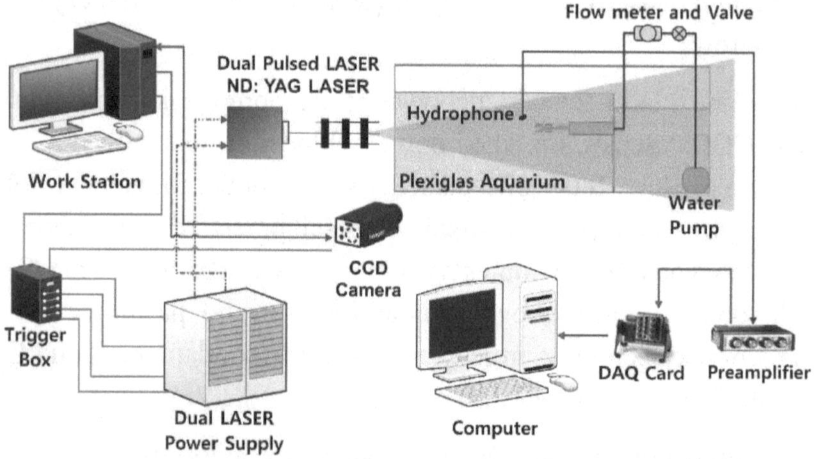


**Rys. 10. Pełna mapa schematu układów pomiarowych PIV i hydrofonów.**

## 3.3 Podejście numeryczne

W celu zbadania wpływu konfiguracji wyjścia na pola przepływu oscylatora fluidalnego przeprowadzono symulacje numeryczne na oczkach 2-D. Równania URANS są rozwiązywane z wykorzystaniem modelu turbulencji SST, jak w ANSYS CFX. W poprzednich badaniach stwierdzono, że zastosowanie modelu 2-D opartego na równaniach URANS i wykorzystującego model SST jest wystarczające do jakościowego i ilościowego opisu pól przepływu i charakterystyki oscylacji, [32]. Symulacje zostały przeprowadzone przy użyciu komercyjnego, licencjonowanego oprogramowania ANSYS 18.1 Workbench. Do przeprowadzenia symulacji wykorzystano system analizy CFX. Geometrie i siatki zostały wymodelowane przy użyciu modułów ANSYS Geometry and Meshing.

### 3.3.1 Przygotowanie geometrii

Aby zbadać wpływ konfiguracji wyjścia na zewnętrzne pola przepływu, domenę obliczeniową rozszerzono o prostokąt (10Dh × 10Dh), jak pokazano na Rys. 11. Stan graniczny boków prostokąta został wybrany jako otwór pozwalający na wejście lub wyjście strumienia z domeny. W celu uniezależnienia modelu od warunków brzegowych wlotu do oscylatora (10Dh) dodano sekcję napływu, [32]. Trzy geometrie zostały opracowane tak, aby pasowały do trzech konfiguracji, które zostały wymienione w rozdziale .

### 3.3.2 Pokolenie siatki

Wszystkie siatki są dwuwymiarowymi siatkami o strukturze blokowej opartymi na sześciościennych, skończonych pojemnościach. Solwer CFX nie jest w stanie poradzić sobie z czystymi, dwuwymiarowymi siatkami, więc wszystkie siatki zostały wytłoczone przez jedną grubość komórek w normalnym kierunku, aby dopasować się do wymagań solwera. Wszystkie kraty zostały udoskonalone w strefach gradientu dużych prędkości, jak to zaobserwowano w eksperymentach literaturowych, również w pobliżu stref przyściennych, w celu rozwiązania problemu warstw ścinających i separacji przepływu.

Ze względu na fakt, że jakość sieci wpływa na poziom niepewności w symulacjach numerycznych, konieczne jest sprawdzenie konwergencji sieci. Badanie konwergencji siatki symulacji jest prostą metodą określania uporządkowanego błędu dyskretyzacji w symulacji CFD. Zazwyczaj, gdy rozwiązanie numeryczne staje się mniej podatne na rozdzielczość przestrzenną w miarę doskonalenia siatki, można powiedzieć, że konwergencja siatki jest spełniona.

W celu oceny wpływu rozdzielczości przestrzennej sieci przeprowadzono badania z wykorzystaniem trzech różnych siatek. Te trzy siatki oznaczone są jako "Grube", "Podstawowe" i "Drobne". Tabela 1przedstawia przegląd przeprowadzonych symulacji na konfiguracji FX100 do analizy czułości siatki.

**Tabela 1 Przegląd przeprowadzonych symulacji na konfiguracji FX100 dla potrzeb analizy czułości siatki.**

| | | | Gruby | Sytuacja wyjściowa | Dobrze |
|---|---|---|---|---|---|
| **Fluid** | | | Woda | Woda | Woda |
| **Prędkość wlotowa** | $U_\infty$ | [m/s] | 0.746 | 0.746 | 0.746 |
| **Prędkość masowa** | $U_B$ | [m/s] | 2.5 | 2.5 | 2.5 |
| **Numer Reynoldsa** | Re | [-] | 6337 | 6337 | 6337 |
| **Punkty kratowe** | | | 141,706 | 206,916 | 388,466 |
| **Elementy siatki** | | | 69,927 | 102,305 | 192,798 |

Po badaniu konwergencji siatki wykonanym na konfiguracji FX100 wybrano ustawienie bazowe do zastosowania we wszystkich pozostałych modelach (co zostanie omówione w sekcji ).

### 3.3.3 Ustawienie symulacji

Ciecz została ustalona jako woda o temperaturze 293 K. Przepływ uznano za burzliwy, nieściśliwy i izotermiczny. Prędkość wlotowa została ustawiona na 0,746 m/s, w wyniku czego przepływ wynosił 87 l/h, tak jak w [14]. Ta wielkość przepływu odpowiada Re = 6337, obliczona na podstawie średnicy hydraulicznej na wylocie dyszy mocy. Stan graniczny na wylocie został ustawiony jako otwarcie na ciśnienie atmosferyczne. Jako ściany antypoślizgowe wybrano warunki zabudowy. Wszystkie te warunki brzegowe nałożone na dziedzinę obliczeniową można przedstawić na Rys. 11. Symulacja stanów nieustalonych rozpoczęła się od stałego rozwiązania i została przeprowadzona z krokiem czasowym 5×10-4s, z około 5000 kroków czasowych (całkowity czas symulacji wynosi 2,5s).

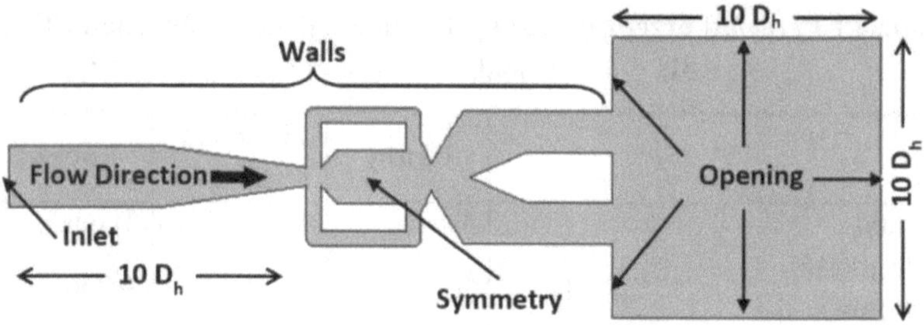


**Rys. 11. Warunki brzegowe nakładające się na schemat domeny obliczeniowej dla modelu FX100.**

Do monitorowania fluktuacji prędkości i ciśnienia wybrano pięć punktów, dwa punkty wewnątrz komory oscylacyjnej na końcu ścianek przyłączeniowych, jeden punkt na środku gardła sterującego, oraz dwa punkty na wylotach, po jednym dla każdej kończyny. Punkty te nakładające się na domenę są przedstawione na rys. 12.

(1) IU: górny punkt wewnętrzny (komora oscylacyjna)
(2) IL: wewnętrzny dolny punkt (komora oscylacyjna)
(3) OU: zewnętrzny górny punkt (kończyna górna)
(4) OL: zewnętrzny dolny punkt (kończyna dolna)
(5) C: punkt centralny (gardło kontrolne)

**Rys. 12. Definicje i lokalizacje punktów monitorowania.**

## 3.4 Analiza danych

Symulacje numeryczne zaowocowały dużą ilością - ponad 1 TB - danych, które musiały zostać przetworzone w celu przedstawienia wartościowych wyników. Analiza może być podzielona na dwie kategorie, analizę częstotliwości drgań i analizę pola przepływu.

### 3.4.1 Analiza częstotliwości drgań

Dominujące częstotliwości strumienia oscylującego są obliczane z składowej prędkości strumienia w każdym punkcie monitorowania poprzez zastosowanie FFT. Dominujące częstotliwości powinny być podobne zarówno w pkt 1, jak i 2, tak samo jak w pkt 3 i 4.

### 3.4.2 Analiza pól przepływowych

Wewnętrzne i zewnętrzne pola przepływu zostały zwizualizowane za pomocą konturów, wektorów i usprawnień. Ponieważ strumień jest oscylujący, cykl oscylacji został podzielony przez 360o w celu opisania kątów fazowych (θ). Dane były grapowane tylko przez pół cyklu oscylacji ($\theta = 0^o, 60^o, 120^o$i $180^o$), ponieważ zjawisko to powtarza się odwrotnie.

## 4. Wyniki i dyskusja

### 4.1 Liniowość częstotliwości

Częstotliwości i amplitudy wyjściowego modelu FX100 można uzyskać z sygnału ciśnienia hydrofonu poprzez zastosowanie FFT. Liniowa zależność między liczbą Reynoldsa a częstotliwością płynów w Hz może być wykryta jak (patrz rys. 13). Amplituda jest wprost proporcjonalna do objętościowego natężenia przepływu wody, jak pokazano w widmie częstotliwościowym, [26].

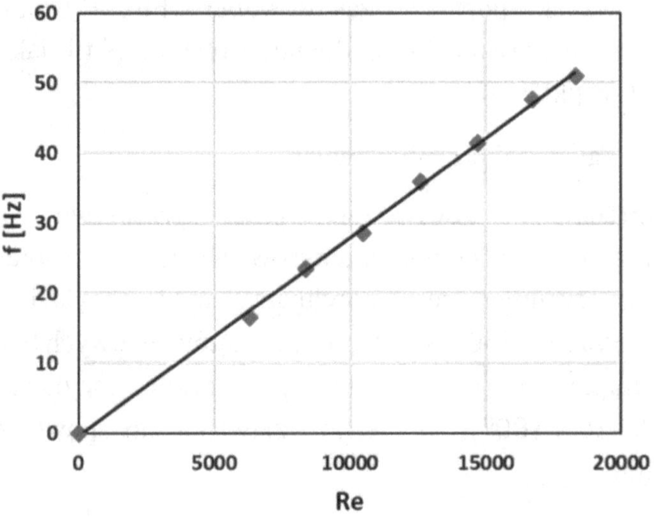


**Rys. 13. Częstotliwość płynów na różnych numerach Reynoldsa dla konfiguracji Fx100 jako obliczona na podstawie sygnałów hydrofonu.**

### 4.2 Badanie konwergencji sieci

Jak zadeklarowano w sekcji, trzy różne sieci, w tym gruba, podstawowa i cienka, są generowane i wykorzystywane w badaniu konwergencji sieci. Wykonywane są symulacje dwuwymiarowe dla stałego napływu 87 l/h na wszystkich trzech sieciach. Częstotliwość strumienia oscylującego jest wykorzystywana jako miara konwergencji, ponieważ jest to kluczowy parametr dla tego rodzaju urządzenia. Wahania prędkości strumienia (u) na kończynach wylotowych płynów za każdą badaną siatką można zobaczyć na Rys. 14.

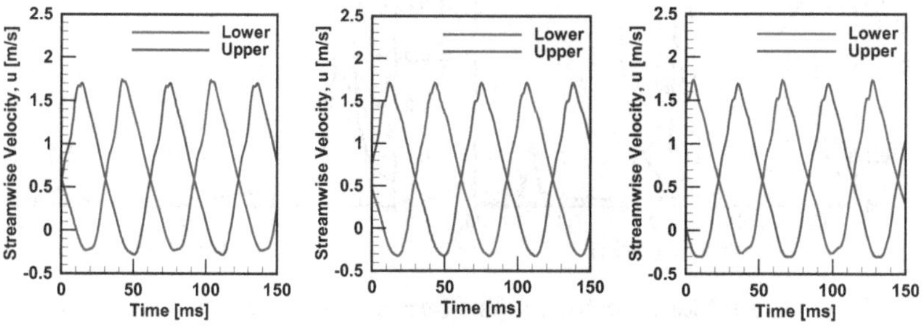


a) Gruby b) Sytuacja wyjściowa c) Dobrze

**Rys. 14. Strumieniowe wahania prędkości na kończynach wylotowych płynów (dolna i górna) dla trzech różnych siatek.**

W celu wyodrębnienia dominującej częstotliwości oscylacji, zastosowano FFT dla chwilowych sygnałów prędkości strumieniowych trzech siatek. Widmo - Rys. 15- pokazuje, że wszystkie sieci spowodowały, że ta sama częstotliwość dominująca (16,11 Hz) popełniła błąd mniejszy niż 1% zmierzonej częstotliwości (16,25 Hz), ale w przypadku częstotliwości bazowej, częstotliwość dominująca ma ostry i czysty pik. Cecha ta może być zrealizowana poprzez obserwację drugiego szczytu harmonicznego, który dla linii podstawowej wynosi 32 Hz, podczas gdy dla sieci grubych i cienkich drugi szczyt harmoniczny przesunięty jest do 33 Hz. Ostrość i czystość dominującego piku Baseline doprowadziła do uzyskania maksymalnej amplitudy na obu kończynach, patrz Rys. 15.

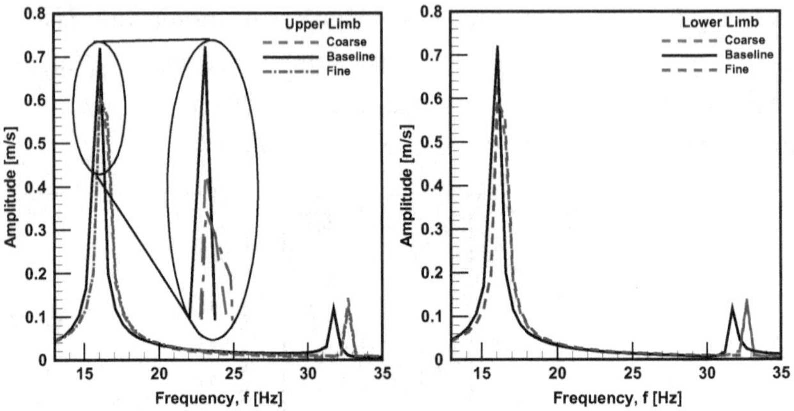


**Rys. 15. Szybka transformacja Fouriera prędkości strumienia w punktach OU po lewej i OL po prawej dla trzech siatek objętych badaniem konwergencji sieci.**

Dla wszystkich trzech sieci obserwuje się, że przewidywane częstotliwości dominujące dobrze się zgadzają z mierzoną wartością. W związku z tym zakłada się, że sieć bazowa jest niezależna od rozdzielczości sieci, a zatem będzie wykorzystywana w innych symulacjach. W tabeli 2porównano dominujące częstotliwości i ich amplitudy, które wynikały z trzech rozdzielczości siatki w punktach OU i OL.

**Tabela 2 Porównanie częstotliwości płynów wynika z trzech rozdzielczości siatki.**

| Siatka | Gruby | | Sytuacja wyjściowa | | Dobrze | |
|---|---|---|---|---|---|---|
| Wyjście z limfy | Górna strona | Niżej | Górna strona | Niżej | Górna strona | Niżej |
| Częstotliwość dominująca [Hz] | 16.11 | 16.11 | 16.11 | 16.11 | 16.11 | 16.11 |
| Amplituda [m/s] | 0.637 | 0.630 | 0.720 | 0.721 | 0.606 | 0.595 |

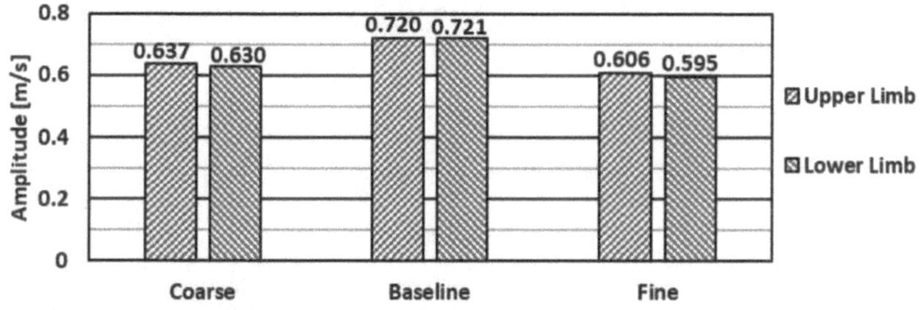


**Rys. 16. Porównanie amplitud dominujących częstotliwości z FFT sygnału prędkości strumienia w punktach OU i OL.**

## 4.3 Walidacja numeryczna

Składowe prędkości w przekroju wzdłużnym FX100 dla laserowego systemu pomiarowego PIV [26] oraz wyniki symulacji pod różnymi kątami fazowymi mogą być przedstawione na Rys. 17i Rys. 18. Porównując obliczone i zmierzone kontury prędkości, można zaobserwować dobre podobieństwa między konturami. Skompletowanie jednego cyklu w komorze oscylacyjnej zostało określone jako kompletna faza, która podzielona została na 360 stopni (6 kątów fazowych, jeden na 60 stopni). Dla kąta fazowego θ = 0o, strumień wchodzi do siłownika i kieruje się najpierw do górnej ściany. Dysza główna opuszcza komorę oscylacyjną, podczas gdy niewielka jej część kierowana jest przez dolny kanał sprzężenia zwrotnego z powrotem do dyszy zasilającej. Tam strumień sprzężenia zwrotnego uderza w dyszę główną i zasila pęcherzyk rozdzielający w komorze oscylacyjnej (θ = 60o). Wraz z rosnącym pęcherzykiem separacyjnym główny strumień jest odchylany dalej w górę, aż osiągnie swoje maksimum pod kątem fazowym θ = 90o. Następnie strumień główny zasila przeciwległy kanał sprzężenia zwrotnego i proces jest ponownie inicjowany (θ = 120o i 180o).

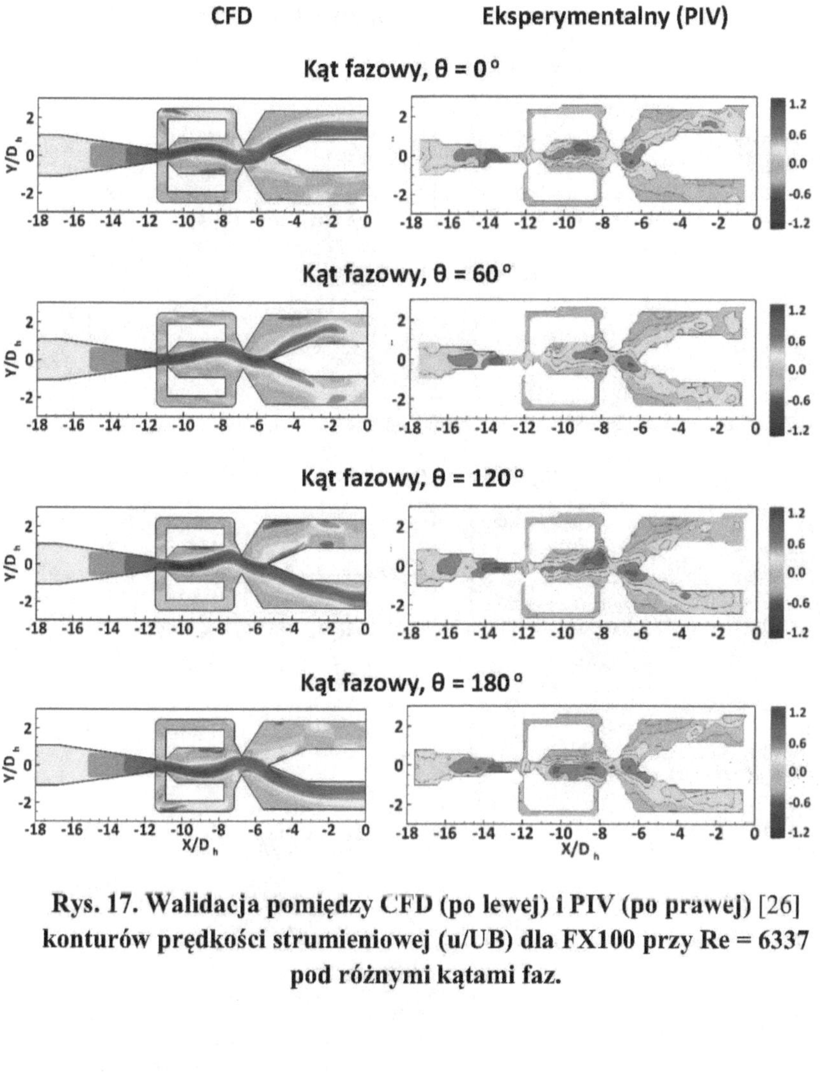


**Rys. 17. Walidacja pomiędzy CFD (po lewej) i PIV (po prawej) [26] konturów prędkości strumieniowej (u/UB) dla FX100 przy Re = 6337 pod różnymi kątami faz.**

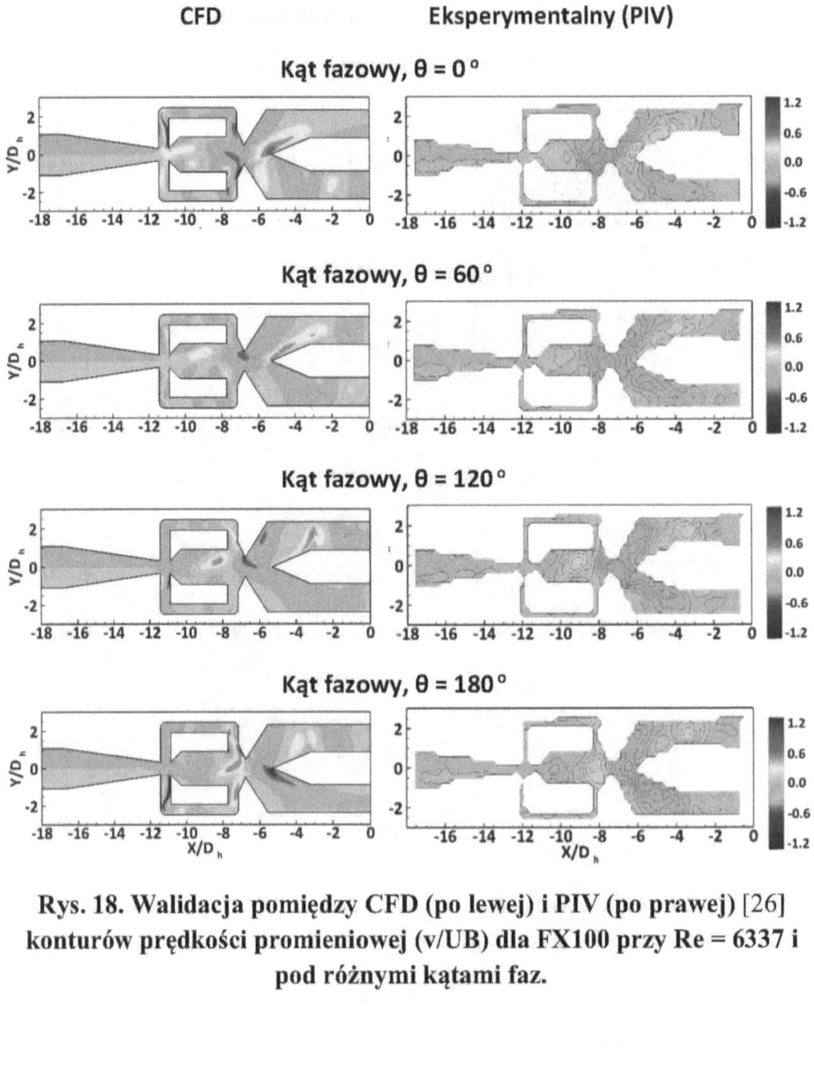


**Rys. 18. Walidacja pomiędzy CFD (po lewej) i PIV (po prawej) [26] konturów prędkości promieniowej (v/UB) dla FX100 przy Re = 6337 i pod różnymi kątami faz.**

## 4.4 Analiza przepływów modelu bazowego FX100

### 4.4.1 Pole przepływu modelu bazowego FX100

Model bazowy FX100 został zasymulowany przy przepływie wlotowym 87 l/min, co dało częstotliwość oscylacji 16,11 Hz. Kontury wielkości prędkości FX100 przy różnych kątach fazowych można przedstawić na rys. 19. Jedną z pierwszych rzeczy jakie można zaobserwować na tym rysunku jest zwiększona prędkość strumienia wewnątrz komory oscylacyjnej, sięgająca do 1.2 UB. Podczas gdy strumień na kończyny górnej osiągnął swoją maksymalną prędkość na rysunku (19θ = 0o), strumień w komorze oscylacyjnej ciągle skierowany jest w dół. Nadal porusza się on w górę do θ = 90o, podczas gdy strumień na wyjściu powoli przesuwa się odpowiednio w dół. Kiedy strumień w komorze oscylacyjnej osiąga górną ścianę, jest on odchylany w dół, przesuwając strumień wyjściowy do kończyny dolnej na rysunku (19θ = 180o). Strumień wewnątrz komory oscylacyjnej przemieszcza się z jednej strony na drugą za pośrednictwem dwóch głównych stref cyrkulacji (pęcherzyków rozdzielających), które mogą rosnąć i przemieszczać się w rufie poprzez przepływ powrotny przepływający przez pętle sprzężenia zwrotnego. Mechanizm ten był już wizualizowany dla podobnej geometrii za pomocą symulacji numerycznych w eksperymentach [28] i PIV w [26] i [33], pokazując bardzo podobne struktury przepływu do tego, co tu przedstawiono.

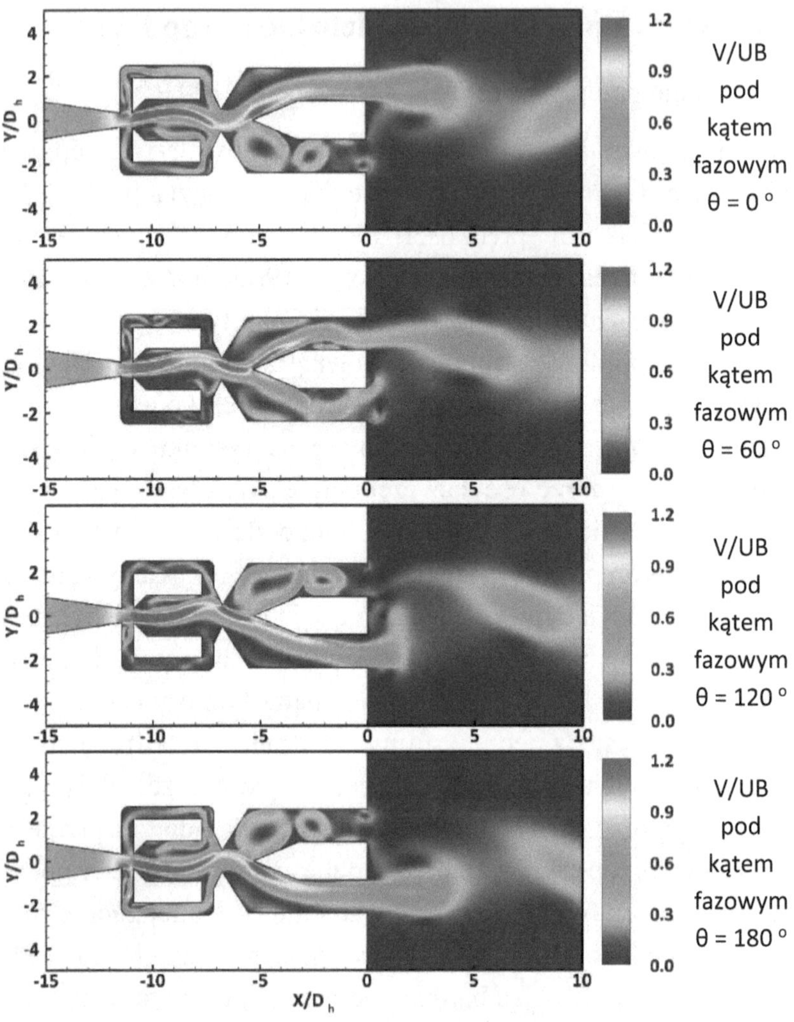


**Rys. 19. Wykresy konturów prędkości pod różnymi kątami fazowymi i Re = 6337 dla modelu bazowego FX100.**

Uśrednione kontury wielkości prędkości z nałożonymi na siebie wektorami prędkości modelu bazowego FX100 mogą być przedstawione na rysunku. 20Dysza zasilająca powoduje wzrost prędkości na wejściu do komory oscylacyjnej jak pokazano na rysunku. Następnie, prędkość ta rozkłada się na całą komorę, reprezentując oscylujący strumień. Średnia prędkość przepływu w kanałach sprzężenia zwrotnego jest ograniczona do zera, ponieważ przepływ okresowo odzwierciedla jego kierunek. Po przejściu przez gardło sterujące zwiększa się wielkość prędkości, a przepływ kieruje się do krawędzi rozdzielacza. Następnie przepływ rozdziela się na dwa strumienie wokół rozdzielacza, które z kolei tworzą dwie strefy recyrkulacji za nim. Po obu stronach rozdzielacza można było zaobserwować dwie małe strefy recyrkulacji wskazujące na wiry, które tworzą się podczas ssania kończyny. W strefie pola przepływu zewnętrznego tuż za rozgałęziaczem pojawia się obszar o zerowej prędkości obrotowej, który reprezentuje okresowo słaby wir.

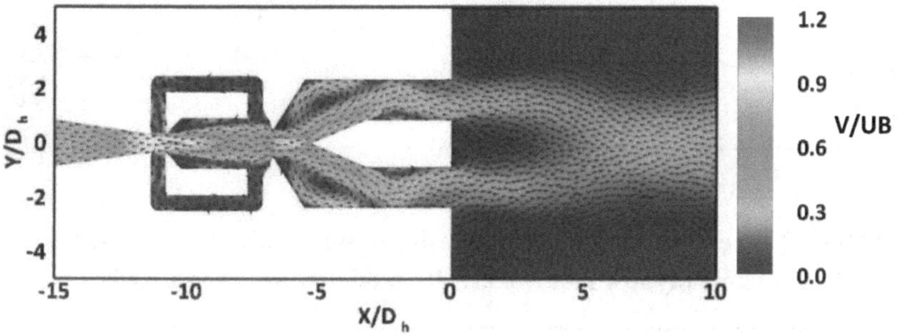


**Rys. 20. Wykres konturu średniej wielkości prędkości z nałożonymi na siebie wektorami prędkości przy Re = 6337 dla modelu bazowego FX100.**

## 4.4.2 Analiza częstotliwościowa modelu bazowego FX100

Pojedynczy cykl oscylacji prędkości strumienia w pięciu monitorowanych punktach dla modelu bazowego FX100 może być pokazany na rysunku 21. Dysza wewnątrz komory oscylacyjnej (punkty IU i IL) pozostaje przy górnej lub dolnej ściance mocującej przez stosunkowo długi czas (150o lub 42% cyklu), zanim bardzo szybko przełączy się z powrotem na drugą ścianę (30o lub 8% cyklu). Dominujące częstotliwości strumienia oscylującego obliczane są z składowej prędkości strumienia w każdym punkcie poprzez zastosowanie FFT, patrz rysunek 22. Strumień ten oscyluje we wnętrzu komory o częstotliwości równej 16.11 Hz dla odpowiednika liczby Reynoldsa równej 6337. Za każdym razem, gdy strumień jest mocowany do jednej ze ścian, prowadzi to do odchylenia strumienia w gardzieli kontrolnej (punkt C). Takie zachowanie prowadzi do podwojenia oscylacji strumienia w gardle regulacyjnym (31,74 Hz). Następnie strumień ten powraca do swoich pierwszych oscylacji - wewnątrz komory oscylacyjnej - na kończynach wylotowych (punkty OU i OL).

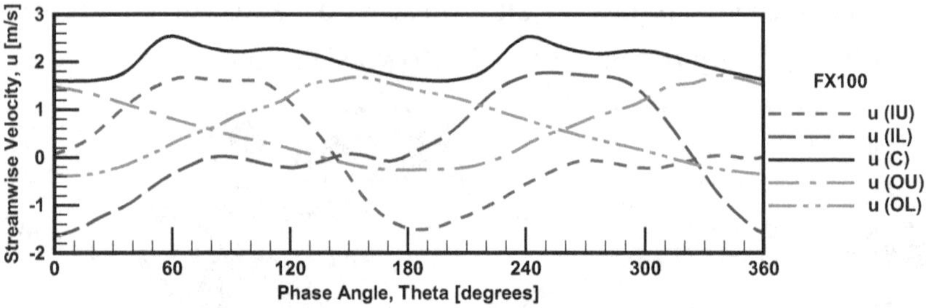


**Rys. 21. Prędkość strumieniowa w pięciu punktach monitorowania wewnątrz płynów i Re = 6337 dla modelu bazowego FX100.**

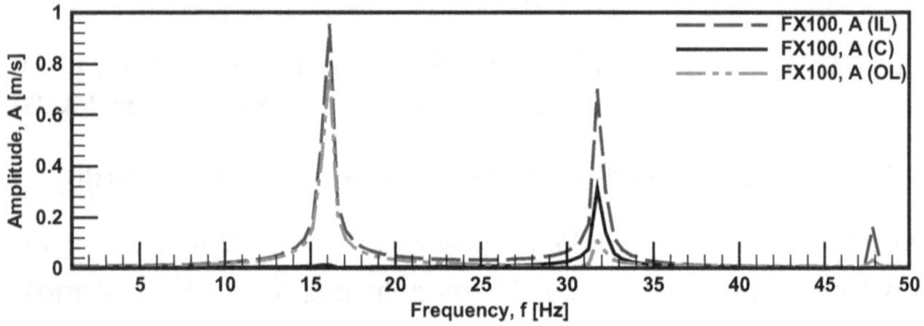


**Rys. 22. Szybka transformata Fouriera sygnału prędkości strumienia w punktach (IL, C i OL) wewnątrz płynów z Re = 6337 dla FX100.**

## 4.5 Efekt Konfiguracji Wyjścia

Konfiguracja dwóch oddzielnych wyjść jest przydatna w niektórych aplikacjach aktywnej kontroli przepływu, ale może nie być odpowiednia do wszystkich celów. Niektóre zastosowania, takie jak kontrola spalania i procesy mieszania, wymagają pulsacyjnych dysz, podczas gdy inne, takie jak kontrola separacji przepływu, wymagają dysz zamiatających. Tak więc, druga konfiguracja została zmodyfikowana poprzez usunięcie rozdzielacza przepływu w sekcji wylotowej, zachowując jednocześnie kanał wyjściowy, dzięki czemu można uzyskać ograniczony strumień zamiatający. W trzeciej konfiguracji usunięto również kanał wyjściowy, aby uzyskać swobodny strumień zamiatający.

### 4.5.1 Porównanie pola przepływu

Aby uzyskać bardziej szczegółowy wgląd w wpływ konfiguracji wylotowej na zewnętrzne pola przepływu, kontury wielkości prędkości dla trzech konfiguracji są porównywalnie wizualizowane na Rys. 23i Rys. pod 24różnymi kątami fazowymi. W pierwszej konfiguracji FX100 na ścianach rozgałęziacza na wyjściu pojawia się efekt Coanda, który mocuje strumień wewnętrzny do jednej ze stron rozgałęziacza i prowadzi go do odpowiedniej kończyny, generując tym samym wysokie ssanie w drugiej kończynie. Ssanie to sprawia, że przepływ wprowadzany jest do siłownika wytwarzając dwie główne strefy recyrkulacji. Dlatego też strumień wylotowy wychodzi sporadycznie w postaci oddzielonych impulsów (cztery oddzielone impulsy na cykl). Zjawisko to jest nieobecne w innych konfiguracjach, ponieważ splitter jest usuwany. W drugiej konfiguracji FX0 rozgałęźnik jest zasadniczo zdejmowany, a strumień wylotowy jest zamknięty pomiędzy dwoma stronami kanału wyjściowego, co z kolei powoduje powstanie dużej strefy recyrkulacji w zamkniętym obszarze. Ta strefa recyrkulacji blokuje strumień na ćwierć okresu czasu, wytwarzając równoważne dwa podwójne impulsy (para dwóch połączonych impulsów) na cykl. W ostatniej konfiguracji FX0' strumień wylotowy swobodnie porusza się przed siłownikiem. Dysza wydaje się być ciągła.

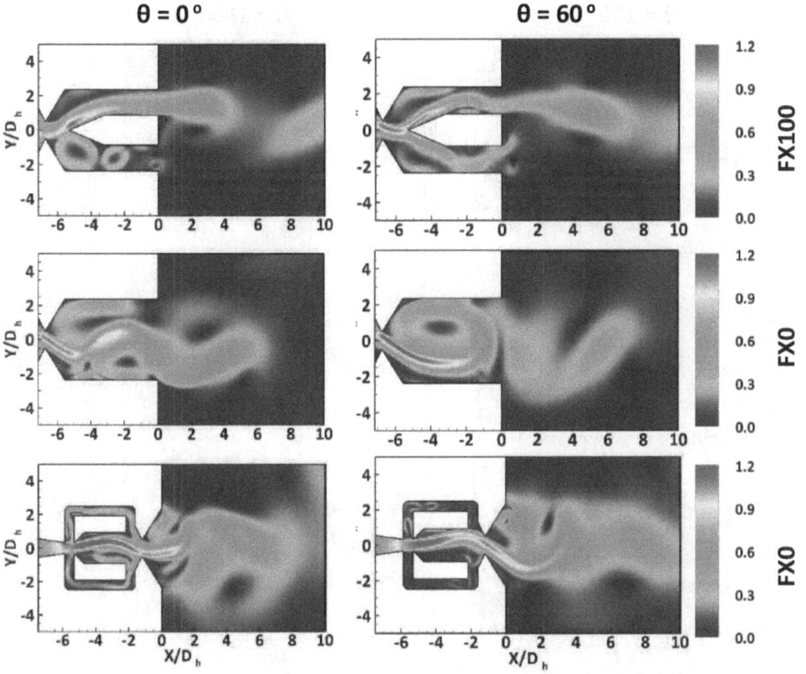


**Rys. 23. Powierzchnie konturowe wielkości prędkości pod kątami fazowymi θ = 0° i 60° oraz Re = 6337 dla trzech badanych modeli.**

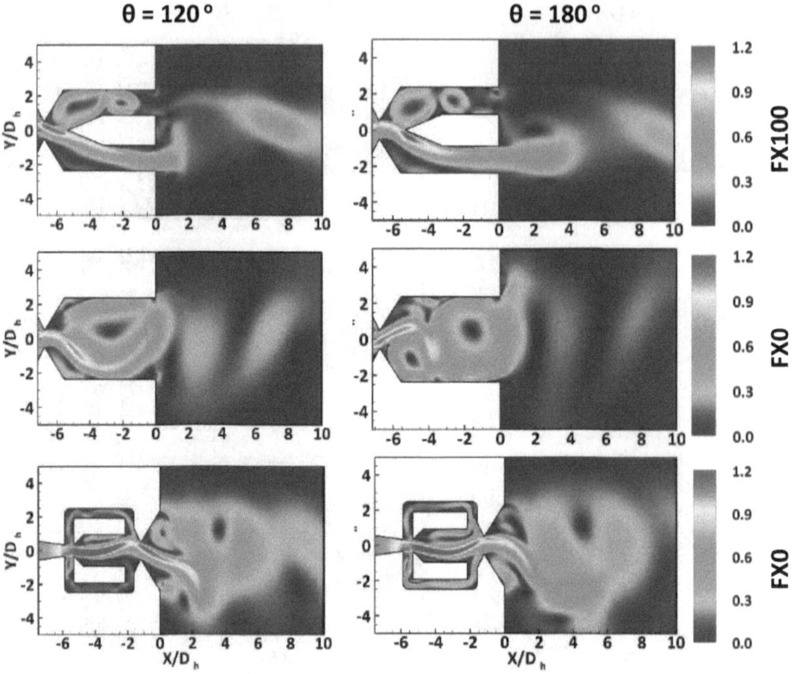


**Rys. 24. Powierzchnie konturowe wielkości prędkości pod kątami fazowymi θ = 120° i 180° oraz Re = 6337 dla trzech badanych modeli.**

## 4.5.2 Porównanie częstotliwości

Pojedynczy cykl oscylacji prędkości strumienia w pięciu monitorowanych punktach dla modelu FX0 może być przedstawiony na rys. 25. Prędkość strumieniowa w punkcie C (gardziel sterująca) ma niższą wartość szczytową niż w tym samym punkcie modelu bazowego FX100, a wahania prędkości są bardziej płaskie. Z punktów OU i OL, prędkość strumienia wylotowego jest stała przez okres 90o (25% cyklu). Transformacja Fast Fouriera jest stosowana na składowej prędkości strumienia w każdym punkcie, patrz rys26. Pierwsza obserwacja jest taka, że drugi szczyt harmoniczny w punkcie IL ma niższy i szerszy pik, gdzie obniżył się z 0,74 do 0,56 m/s. To samo dotyczy dominującego szczytu punktu C. Dla strumienia wylotowego (OL), wszystkie szczyty mają niższe wartości niż model bazowy FX100. Wynika to z braku rozdzielacza, który rozszerza powierzchnię wylotową, a tym samym zmniejsza prędkość strumienia.

Pojedynczy cykl oscylacji prędkości strumienia i odpowiadające im widmo częstotliwości w pięciu monitorowanych punktach dla FX0' pokazano na rys. 27i rys. 28. Strumieniowa fluktuacja prędkości w punkcie C wydaje się być bardziej płaska niż w przypadku modeli FX100 i FX0, co wynika z braku ramienia wylotowego, stąd strumień wylotowy porusza się swobodnie z mniejszą wielkością prędkości i amplitudą fluktuacji. Wewnętrzny strumień zmienia się z większą amplitudą dla dominującej częstotliwości niż dwie pierwsze konfiguracje. Natomiast drugi szczyt harmoniczny ma niższą amplitudę od nich.

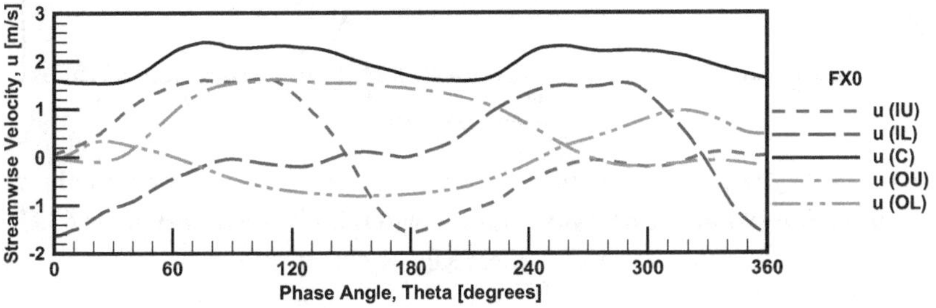


**Rys. 25. Prędkość strumieniowa w pięciu punktach kontrolnych wewnątrz oscylatora płynnego przy Re = 6337 dla FX0.**

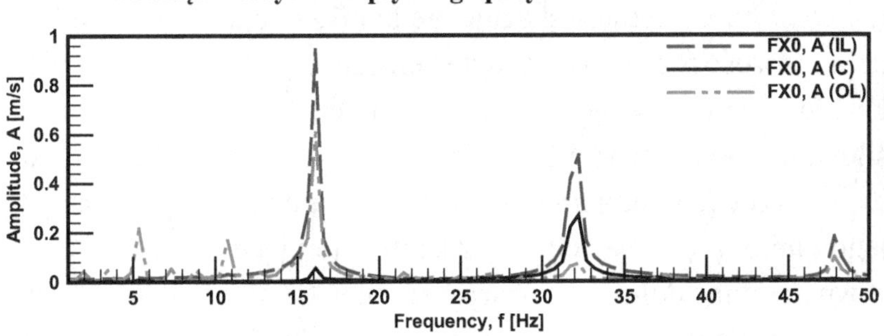

Rys. 26. Szybka transformata Fouriera sygnału prędkości strumienia w punktach wewnątrz oscylatora fluidalnego (IL, C i OL) przy Re = 6337 dla FX0.

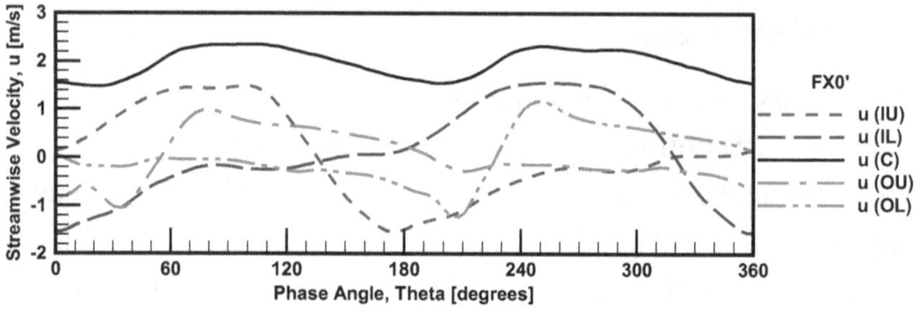


Rys. 27. Prędkość strumieniowa w pięciu punktach monitorowania wewnątrz oscylatora płynnego i w Re = 6337 dla modelu FX0'.

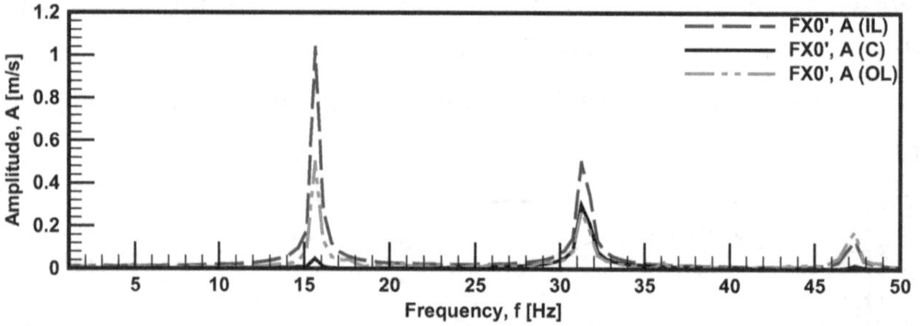


Rys. 28. Szybka transformata Fouriera sygnału prędkości strumienia w punktach wewnątrz oscylatora fluidalnego (IL, C i OL) przy Re = 6337 dla FX0'.

Na rysunku pokazano 29porównanie zakresów częstotliwości konfiguracji (FX100, FX0 i FX0') w punktach pomiarowych (IL, C i OL). Porównanie wskazuje, że konfiguracja FX0' ma niższą częstotliwość niż pozostałe dwie konfiguracje. Wynika to z braku kanału wyjściowego, który zmniejsza przeciwciśnienie siłownika. Doprowadziło to również do zwiększenia amplitudy wewnętrznego strumienia oscylacyjnego (punkt IL), podczas gdy jego amplitudy w obu gardzieli sterującej (punkt C) i zewnętrznym dolnym wyjściu (punkt OL) zmniejszyły się. Podobne zjawisko występuje w przypadku konfiguracji FX0, jednak istnienie kanału wyjściowego powoduje powstanie dużej strefy cyrkulacji, która z kolei wytwarza prawie te same częstotliwości przy niewielkiej redukcji amplitudy.

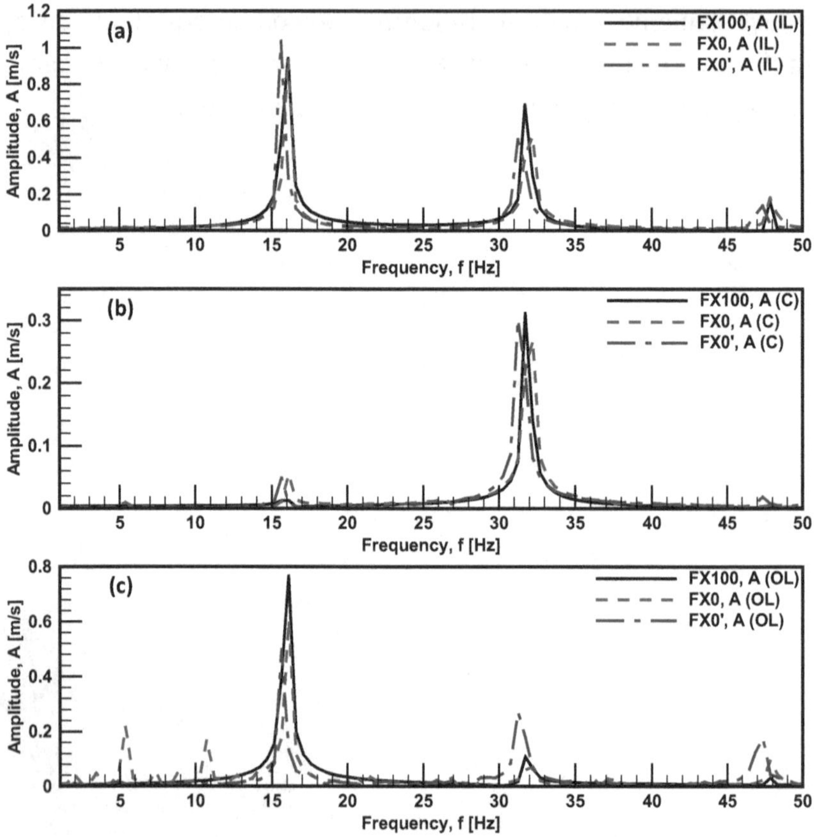


**Rys. 29. Porównanie zakresów częstotliwości konfiguracji (FX100, FX0 i FX0') w punktach monitorowania a) IL, b) C i c) OL dla Re = 6337.**

## 5. Wnioski

Niewielki oscylator fluidalny z podwójnym sprzężeniem zwrotnym został poddany badaniom doświadczalnym i numerycznym. Rozwiązane w czasie pola przepływu i pomiary ciśnienia za pomocą systemu laserowego PIV i hydrofonu dostarczają danych doświadczalnych do procesu walidacji. Przeprowadzono symulacje nieciągłości na trzech modelach o różnych konfiguracjach wyjścia, aby ocenić wpływ konfiguracji wyjścia na wewnętrzne i zewnętrzne pola przepływu. Poniżej wymieniono kilka kluczowych uwag końcowych:

- Rozwiązywanie wewnętrznych pól przepływu za pomocą systemu pomiarowego systemu laserowego PIV było niewystarczające ze względu na skomplikowaną i małą geometrię (kanały sprzężenia zwrotnego).
- Wyniki modelu obliczeniowego modelu bazowego FX100 (z kanałem wyjściowym i splitterem) wykazały dobre dopasowanie do wyników eksperymentalnych z błędem częstotliwości około 1%.
- Symulowano również dwie pozostałe konfiguracje FX0 (bez rozgałęźnika) i FX0' (bez kanału wyjściowego i rozgałęźnika) oraz demonstrowano ich mechanikę przepływu, monitorowane prędkości i odpowiadające im spektrum częstotliwości.
- Istnienie rozgałęźnika na wyjściu w modelu bazowym (FX100) doprowadziło do wytwarzania oddzielnych impulsów, które są odpowiednie dla niektórych zastosowań, w tym kontroli aktywnego spalania.
- Brak splittera w konfiguracji FX0 doprowadził do ograniczenia strumienia wylotowego pomiędzy bokami

kanału, co powodowało powstawanie podwójnych impulsów.

- Po usunięciu kanału wyjściowego w konfiguracji FX0', strumień wyjściowy stał się swobodnym strumieniem zamiatającym, który nadaje się do wielu zastosowań aktywnej kontroli przepływu, jak np. kontrola separacji przepływu.

## Referencje

Mohamed Gad-el-Hak, *Flow Control: Pasywne, Aktywne i Reaktywne Zarządzanie Przepływem*, Ilustruj. PRASA UNIWERSYTECKA CAMBRIDGE, 2007.

[2] K. Yousefi i R. Saleh, "Trójwymiarowa kontrola przepływu ssania i optymalizacja długości strumienia ssania skrzydła NACA 0012", *Meccanica*, vol. 50, nr 6, str. 1481-1494, czerwiec 2015.

[3] K. Yousefi, R. Saleh i P. Zahedi, "Numerical study of blowing and suction slot geometry optimization on NACA 0012 airfoil", *Journal of Mechanical Science and Technology*, vol. 28, no. 4, s. 1297-1310, kwiecień 2014.

[4] L. N. Cattafesta i M. Sheplak, "Actuators for Active Flow Control", *Annual Review of Fluid Mechanics*, Vol. 43, no. 1, pp. 247-272, styczeń 2011.

[5] B. D. Giles, "Fluidics, the Coanda Effect, and some orographic winds," *Archiv für Meteorologie, Geophysik und Bioklimatologie Serie A*, vol. 25, no. 3, str. 273-279, Mar. 1977.

[6] B. M. Horton, "Fluid-operated system," US Patent 3,122,165, 1964.

[7] M. Bauer, "Design and Application of a Fluidic Actuator System for High-lift Flow Control", Uniwersytet Techniczny Berlin, 2015.

Bernhard Christian Bobusch, "Fluidic Devices for Realizing the Shockless Explosion Combustion Process", Uniwersytet Techniczny Berlin, 2015.

[9] J. Gregory i M. N. Tomac, "A Review of Fluidic Oscillator

Development and Application for Flow Control," w *43. konferencji Fluid Dynamics*, 2013.

[10] H. Coanda, "Device for deflecting a stream of elastic fluid projected into an elastic fluid", US2052869A, 1934.

[11] S. Raghu, "Feedback-free fluidic oscillator and method", US6253782B1, 2001.

[12] S. Hassan *et al.* , "An Investigation of the Influence of Fluidics Insertion Technique on Argon Gas Additives to LPG on the Turbulent Lean Premixed Flame Characteristics for EV Burner", *AMME-18 - Military Technical College, Cairo, Egypt*, 2018.

[13] B. C. Bobusch, P. Berndt, C. O. Paschereit i R. Klein, "Investigation of Fluidic Devices for Mixing Enhancement for the Shockless Explosion Combustion Process," w *Active Flow and Combustion Control 2014*, Volume 127., Rudibert King, Ed. Springer International Publishing, 2015, s. 281-297.

[14] A. A. Emara, "Interactions of Flow Field and Combustion Characteristics in a Swirl Stabilized Burner", Uniwersytet Techniczny - Berlin, 2011.

[15] D. Guyot, B. Bobusch, C. O. Paschereit i S. Raghu, "Active Combustion Control Using a Fluidic Oscillator for Asymmetric Fuel Flow Modulation," w *44th AIAA/ASME/SAE/ASEE Joint Propulsion Conference & Exhibit,* 2008, no. Lipiec, s. 1-19.

[16] D. Guyot, P. Taticchi Mandolini Borgia, C. O. Paschereit i S. Raghu, "Active Control of Combustion Instability Using a Fluidic Actuator", *46th AIAA Aerospace Sciences Meeting and Exhibit*, 2008.

[17] Y. Wu, S. Yu i L. Zuo, "Large eddy simulation analysis of the heat transfer enhancement using self-oscillating fluidic oscillators", *International Journal of Heat and Mass Transfer*, vol. 131, pp. 463-471, Mar. 2019.

[18] E. Phillips, M. P. Jentzsch, P. M. Menge, L. Taubert, M. Forster i I. J. Wygnanski, "O wykorzystaniu kontroli aktywnego przepływu do zmiany rozpiętości przepływu w modelach samolotów bez ogona, wpływając w ten sposób na ich trym i kontrolę", w *AIAA Scitech* 2019 *Forum*, 2019.

[19] M. Staats, S. Löffler, C. Ebert, T. Grund i J. Weiss, "Urządzenie płynne do aktywnej kontroli przepływu": Symulacja a eksperyment z naciskiem na zastosowanie", w 2018 r. *Konferencja Aerodynamika Stosowana*, 2018.

[20] V. Tesař, "Co można zrobić z pęcherzykami powietrza generowanymi przez płynny oscylator? (ankieta)," *EPJ Web of Conferences*, tom 143, s. 02129, maj 2017 r.

[21] W. B. Zimmerman i R. Kokoo, "Estryfikacja do produkcji biodiesla za pomocą katalizatora fantomowego: Destylacja reaktywna z udziałem pęcherzyków powietrza", *Applied Energy*, vol. 221, str. 28-40, lipiec 2018.

[22] N. Abdulrazzaq, B. Al-Sabbagh, J. M. Rees i W. B. Zimmerman, "Separation of azeotropic mixtures using air microbubbles generated by fluidic oscillation," *AIChE Journal*, vol. 62, no. 4, s. 1192-1199, kwiecień 2016.

[23] J. Gregory i M. N. Tomac, "A Review of Fluidic Oscillator Development," w *43. konferencji Fluid Dynamics*, 2013.

24] J. H. Seo i R. Mittal, "Computational Modeling and Analysis of Sweeping Jet Fluidic Oscillator", *47th AIAA Fluid Dynamics Conference*, 2017.

[25] S. Gokoglu, M. Kuczmarski, D. Culley i S. Raghu, "Numerical Studies of a Fluidic Diverter for Flow Control", w *39. konferencji AIAA Fluid Dynamics Conference*, 2009.

[26] A. Emara i C. O. Paschereit, "Płynny oscylator do strumieni odrzutowych zintegrowany z lancą paliwową pilota", w *7 Int. Symp. na Stratified Flows*, 2011.

[27] V. Vatsa, M. Koklu i I. Wygnanski, "Numerical Simulation of Fluidic Actuators for Flow Control Applications", w *6. konferencji AIAA Flow Control Conference*, 2012.

[28] B. C. Bobusch, R. Woszidlo, O. Krüger i C. O. Paschereit, "Numerical Investigations on Geometric Parameters Affecting the Oscillation Properties of a Fluidic Oscillator", w *21 AIAA Computational Fluid Dynamics Conference*, 2013.

[29] M. A. Hossain *i in.* , "Effects of Roughness on the Performance of Fluidic Oscillator", na *55. posiedzeniu AIAA Aerospace Sciences*, 2017.

J. H. Seo, C. Zhu i R. Mittal, "Flow Physics and Frequency Scaling of Sweeping Jet Fluidic Oscillator", *AIAA Journal*, vol. 56, no. 6, pp. 2208-2219, Jun. 2018.

Teledyne RESON, "Hydrofon TC4013 - Miniaturowy Hydrofon Referencyjny." Teledyne RESON A/S, Dania, 2016.

[32] O. Krüger, B. C. Bobusch, R. Woszidlo i C. O. Paschereit, "Numerical Modeling and Validation of the Flow in a Fluidic Oscillator", w *21 AIAA Computational Fluid Dynamics Conference*, 2013, s. 1-13.

[33] B. C. Bobusch, R. Woszidlo, J. M. Bergada, C. N. Nayeri i C. O. Paschereit, "Experimental study of the internal flow structures inside a fluidic oscillator," *Experiments in Fluids*, vol. 54, no. 6, p. 1559, Jun. 2013.

## Referencje

Mohamed Gad-el-Hak, Flow Control: Pasywne, Aktywne i Reaktywne Zarządzanie Przepływem, Ilustruj. PRASA UNIWERSYTECKA CAMBRIDGE, 2007.

[2] K. Yousefi i R. Saleh, "Trójwymiarowa kontrola przepływu ssania i optymalizacja długości strumienia ssania skrzydła NACA 0012", Meccanica, vol. 50, nr 6, str. 1481-1494, czerwiec 2015.

[3] K. Yousefi, R. Saleh i P. Zahedi, "Numerical study of blowing and suction slot geometry optimization on NACA 0012 airfoil", Journal of Mechanical Science and Technology, vol. 28, no. 4, s. 1297-1310, kwiecień 2014.

[4] L. N. Cattafesta i M. Sheplak, "Actuators for Active Flow Control", Annual Review of Fluid Mechanics, Vol. 43, no. 1, pp. 247-272, styczeń 2011.

[5] B. D. Giles, "Fluidics, the Coanda Effect, and some orographic winds," Archiv für Meteorologie, Geophysik und Bioklimatologie Serie A, vol. 25, no. 3, str. 273-279, Mar. 1977.

[6] B. M. Horton, "Fluid-operated system," US Patent 3,122,165, 1964.

[7] M. Bauer, "Design and Application of a Fluidic Actuator System for High-lift Flow Control", Uniwersytet Techniczny Berlin, 2015.

Bernhard Christian Bobusch, "Fluidic Devices for Realizing the Shockless Explosion Combustion Process", Uniwersytet Techniczny Berlin, 2015.

[9] J. Gregory i M. N. Tomac, "A Review of Fluidic Oscillator Development and Application for Flow Control," w 43. konferencji Fluid Dynamics, 2013.

[10] H. Coanda, "Device for deflecting a stream of elastic fluid projected into an elastic fluid", US2052869A, 1934.

[11] S. Raghu, "Feedback-free fluidic oscillator and method", US6253782B1, 2001.

[12] S. Hassan et al., "An Investigation of the Influence of Fluidics Insertion Technique on Argon Gas Additives to LPG on the Turbulent Lean Premixed Flame Characteristics for EV Burner", AMME-18 - Military Technical College, Cairo, Egypt, 2018.

[13] B. C. Bobusch, P. Berndt, C. O. Paschereit i R. Klein, "Investigation of Fluidic Devices for Mixing Enhancement for the Shockless Explosion Combustion Process," w Active Flow and Combustion Control 2014, Volume 127., Rudibert King, Ed. Springer International Publishing, 2015, s. 281-297.

[14] A. A. Emara, "Interactions of Flow Field and Combustion Characteristics in a Swirl Stabilized Burner", Uniwersytet Techniczny - Berlin, 2011.

[15] D. Guyot, B. Bobusch, C. O. Paschereit i S. Raghu, "Active Combustion Control Using a Fluidic Oscillator for Asymmetric Fuel Flow Modulation," w 44th AIAA/ASME/SAE/ASEE Joint Propulsion Conference & Exhibit, 2008, no. Lipiec, s. 1-19.

[16] D. Guyot, P. Taticchi Mandolini Borgia, C. O. Paschereit i S. Raghu, "Active Control of Combustion Instability Using a Fluidic Actuator", 46th AIAA Aerospace Sciences Meeting and Exhibit, 2008.

[17] Y. Wu, S. Yu i L. Zuo, "Large eddy simulation analysis of the heat transfer enhancement using self-oscillating fluidic oscillators", International Journal of Heat and Mass Transfer, vol. 131, pp. 463-471, Mar. 2019.

[18] E. Phillips, M. P. Jentzsch, P. M. Menge, L. Taubert, M. Forster i I. J. Wygnanski, "O wykorzystaniu kontroli aktywnego przepływu do zmiany rozpiętości przepływu w modelach samolotów bez ogona, wpływając w ten sposób na ich trym i kontrolę", w AIAA Scitech 2019 Forum, 2019.

[19] M. Staats, S. Löffler, C. Ebert, T. Grund i J. Weiss, "Urządzenie płynne do aktywnej kontroli przepływu": Symulacja a eksperyment z naciskiem na zastosowanie", w 2018 r. Konferencja Aerodynamika Stosowana, 2018.

[20] V. Tesař, "Co można zrobić z pęcherzykami powietrza generowanymi przez płynny oscylator? (ankieta)," EPJ Web of Conferences, tom 143, s. 02129, maj 2017 r.

[21] W. B. Zimmerman i R. Kokoo, "Estryfikacja do produkcji biodiesla za pomocą katalizatora fantomowego: Destylacja reaktywna z udziałem pęcherzyków powietrza", Applied Energy, vol. 221, str. 28-40, lipiec 2018.

[22] N. Abdulrazzaq, B. Al-Sabbagh, J. M. Rees i W. B. Zimmerman, "Separation of azeotropic mixtures using air microbubbles generated by fluidic oscillation," AIChE Journal, vol. 62, no. 4, s. 1192-1199, kwiecień 2016.

[23] J. Gregory i M. N. Tomac, "A Review of Fluidic Oscillator Development," w 43. konferencji Fluid Dynamics, 2013.

24] J. H. Seo i R. Mittal, "Computational Modeling and Analysis of Sweeping Jet Fluidic Oscillator", 47th AIAA Fluid Dynamics Conference, 2017.

[25] S. Gokoglu, M. Kuczmarski, D. Culley i S. Raghu, "Numerical Studies of a Fluidic Diverter for Flow Control", w 39. konferencji AIAA Fluid Dynamics Conference, 2009.

[26] A. Emara i C. O. Paschereit, "Płynny oscylator do strumieni odrzutowych zintegrowany z lancą paliwową pilota", w 7 Int. Symp. na Stratified Flows, 2011.

[27] V. Vatsa, M. Koklu i I. Wygnanski, "Numerical Simulation of Fluidic Actuators for Flow Control Applications", w 6. konferencji AIAA Flow Control Conference, 2012.

[28] B. C. Bobusch, R. Woszidlo, O. Krüger i C. O. Paschereit, "Numerical Investigations on Geometric Parameters Affecting the Oscillation Properties of a Fluidic Oscillator", w 21 AIAA Computational Fluid Dynamics Conference, 2013.

[29] M. A. Hossain et al., "Effects of Roughness on the Performance of Fluidic Oscillator" (Wpływ chropowatości na działanie płynnych oscylatorów), na 55. posiedzeniu AIAA Aerospace Sciences, 2017.

J. H. Seo, C. Zhu i R. Mittal, "Flow Physics and Frequency Scaling of Sweeping Jet Fluidic Oscillator", AIAA Journal, vol. 56, no. 6, pp. 2208-2219, Jun. 2018.

Teledyne RESON, "Hydrofon TC4013 - Miniaturowy Hydrofon Referencyjny." Teledyne RESON A/S, Dania, 2016.

[32] O. Krüger, B. C. Bobusch, R. Woszidlo i C. O. Paschereit, "Numerical Modeling and Validation of the Flow in a Fluidic Oscillator", w 21 AIAA Computational Fluid Dynamics Conference, 2013, s. 1-13.

[33] B. C. Bobusch, R. Woszidlo, J. M. Bergada, C. N. Nayeri i C. O. Paschereit, "Experimental study of the internal flow structures inside a fluidic oscillator," Experiments in Fluids, Vol. 54, no. 6, p. 1559, Jun. 2013.

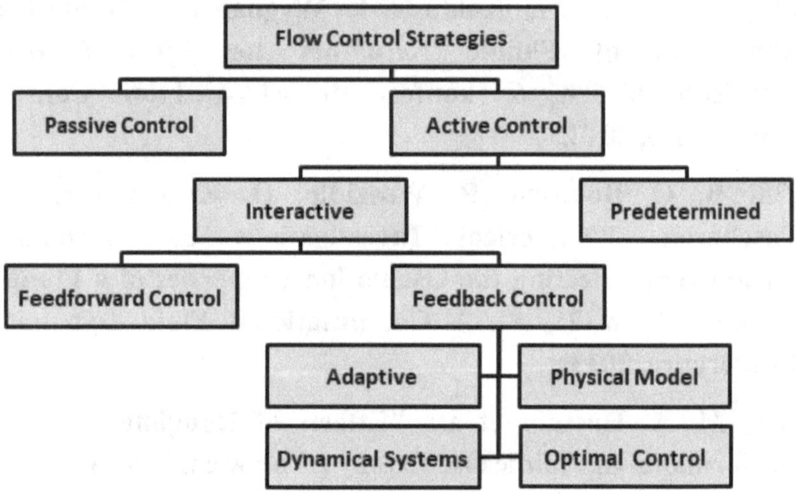

Kolibri 360 GmbH
Ferdinand-Jühlke-Straße 7
99095 Erfurt, Deutschland
produktsicherheit@kolibri360.de

Druck:
CPI Druckdienstleistungen GmbH
im Auftrag der
Kolibri 360 GmbH
Ferdinand-Jühlke-Str. 7
99095 Erfurt